煤基多孔介质的表征、流动及应用

王启立　刘　顸　李小川　著

中国矿业大学出版社
·徐州·

内 容 简 介

以煤沥青焦和煤沥青为主要原料制备的多孔炭/石墨材料,本书称为煤基多孔介质,主要应用于后续浸渍、过滤、吸附等工业实践。本书总结了作者及课题组近年来在煤基多孔介质领域的研究成果,力图从工程热物理角度分析煤基多孔介质制备及应用中的表征和流动现象,主要包括焙烧工艺优化、焙烧过程中热质传递、非均质孔隙结构的分形逾渗特征、多孔介质的精准表征及三维重构、多孔介质内的渗流规律及渗流模拟、机械用浸渍类石墨材料性能及润滑规律、多晶硅级高纯石墨性能及应用等。

本书涉及流体力学、多孔介质流体动力学、分形及逾渗理论、多孔介质热质传递理论、固体润滑理论、材料加工工艺学等多学科知识,可供能源、化工、机械、材料、生物、食品、新能源等相关行业的科技和研究人员参考。

图书在版编目(C I P)数据

煤基多孔介质的表征、流动及应用/王启立,刘颀,李小川著.
－徐州:中国矿业大学出版社,2020.2
ISBN 978 - 7 - 5646 - 4626 - 4

Ⅰ.①煤…　Ⅱ.①王…②刘…③李…　Ⅲ.①多孔介质－研究
Ⅳ.①TE312

中国版本图书馆 CIP 数据核字(2020)第 028330 号

书　　名	煤基多孔介质的表征、流动及应用
著　　者	王启立　刘　颀　李小川
责任编辑	张　岩
出版发行	中国矿业大学出版社有限责任公司
	(江苏省徐州市解放南路　邮编221008)
营销热线	(0516)83884103　83885105
出版服务	(0516)83995789　83884920
网　　址	http://www.cumtp.com　**E-mail**:cumtpvip@cumtp.com
印　　刷	江苏凤凰数码印务有限公司
开　　本	787 mm×1092 mm　1/16　印张 12.75　字数 243 千字
版次印次	2020 年 2 月第 1 版　2020 年 2 月第 1 次印刷
定　　价	36.00 元

(图书出现印装质量问题,本社负责调换)

前　言

　　我国是世界最大的煤炭开采和消费国,煤炭直接燃烧对我们生活与工作环境的负面影响十分显著,煤炭资源高效、低碳开采与洁净化、多元化加工利用,是我国煤炭能源行业发展的必然趋势。煤-电、煤-焦-化、煤-气、煤-油等联产技术将进一步发展,以减少我们煤炭资源利用中的直接燃烧和污染排放。以煤炭转化的产品(煤沥青焦和煤沥青)为主要原料制备的多孔炭/石墨制品,通过浸渍增强和孔隙优化技术,应用于机械、核电、航空航天、化工、生物、新能源等行业,是对煤炭资源加工转化利用途径的有效探索,具有非常广阔的应用前景。

　　有关以煤基为原料制备炭/石墨材料的研究,大多基于材料加工工艺学角度,研究制备过程中配方和工艺等因素对材料结构及性能的影响,并获得了丰富的研究成果。从工程热物理的角度分析,炭/石墨材料本身是典型的非均质多孔介质,其制备与应用过程伴随着流体在多孔介质内的复杂输运与渗流现象,有许多值得研究的科学问题。从工程热物理的视野开展煤基多孔介质的制备和应用研究,难点在于系列过程通常在高温或高压下完成,无论是采用理论研究还是采用实验研究的方法和手段,都面临诸多困难。只有搞清多孔炭/石墨材料制备及应用中涉及的机理、过程和影响规律,才能更好地开展工艺优化和技术升级,提高竞争力。如研究坯料焙烧成孔过程的热质输运机理及影响因素,有助于改善焙烧工艺参数,降低焙烧报废率;通过研究高压浸渍的渗流动力学过程能更有效地改善浸渍工艺,提升浸渍质量;研究非均质多孔介质的渗透性能,有助于提升多孔炭/石墨材料在过滤、吸附等工业应用的效率。相关研究国内理论研究甚少,几乎都是通过不断实践获得相对稳定和优化的工艺参数,而从工程物理角度研究多孔炭/石墨的制备和应用,非常具有学术价值。

　　幸运的是,国内外在多孔介质领域的非均质结构表征、热质输运、流体渗流等方向的研究百花齐放,成果丰硕。分形理论、逾渗理论、多孔介质热质输运、多孔介质流体动力学、三维表征与构造等学科的研究成果不断涌现,Mandel-brot(曼德布洛特)、Scheidegger(薛定谔)、Bear(贝尔)、Collins(科林斯)、Hunt

（亨特）、Katz（卡兹）、Thompson（汤普森）、谢和平、郁伯铭、刘伟、施明恒等人的研究成果对我产生了重要的影响。借鉴在采油、岩石、土壤、地下水等多个领域内都取得成功的多孔介质系列理论和方法，从工程热物理视野开展煤基多孔炭/石墨介质的研究，应该是一个不错的思路，这促使我在攻读博士学位时确定了研究方向。十多年来，我及课题组成员一直沿着这条路线开展煤基多孔介质相关研究工作，积累了一些研究成果。在不断的学习和总结过程中，我深感有必要对研究工作做全面的总结和梳理。

本书是在总结了我和整个课题组近年来的主要研究成果基础上完成的。在国家自然科学基金、江苏省"产—学—研"联合创新资金、中央高校基本科研业务费专项资金、徐州市重点研发计划等项目资金的支持下，课题组在煤基多孔炭/石墨材料制备过程中的工艺优化、热质输运、分形逾渗特征、精准表征及三维重构、渗透性能等方面开展了卓有成效的研究工作，并对煤基多孔材料在机械密封、太阳能多晶硅制备等领域的应用情况进行了阐述。

感谢课题组老师及研究生们为课题研究工作及书稿完成做出的积极贡献，他们是胡亚非、刘颀、李小川、熊建军、蔡庆国、吕邦民、马越、于鸣泉、巩建南、高晓峰、郑晓军、杜忠选、彭家春。其中，吕邦民在"多孔介质的精准表征和三维重构"方面完成了诸多工作，马越、郑晓军在"高纯石墨在光伏发电领域中的应用"方面完成了部分研究工作，于鸣泉、巩建南、高晓峰在书稿撰写及校对等工作中付出了辛勤劳动。没有他们的大力支持与辛勤付出，本书不可能顺利完成。

特别感谢胡亚非教授，她的指引使我接触到了工程热物理学科，完成从硕士、博士、教师及科研工作者的蜕变。二十余年来，胡亚非教授严谨治学的态度和求真务实的实践精神，深深影响着我。非常感谢成都封润电炭有限公司总经理胡建文先生及胡梦佳女士，作为科研合作伙伴，他们为课题组研究工作提供了大量实验与实践方面的支持，也为我提供了诸多工业应用领域的前沿信息和研究方向的良好建议。还要感谢美国宾州州立大学杰出教授（distinguished professor）Sridhar Komarneni（斯里达·科马内尼）先生的邀请，访问学者期间的合作与交流，让我开阔了视野，受益匪浅。特别感谢家人的陪伴与支持，为我开展科研工作提供了源源动力。

本书的研究工作得到了中央高校基本科研业务费专项资金（2019GF02）、徐州市重点研发计划（KC19222）的资助，在此一并致谢。

由于我们的学识水平有限，书中难免有不妥之处，敬请读者批评指正。

王启立

2019 年 9 月

目 录

1　绪　论

1.1　我国煤基炭素材料应用现状

1.1.1　我国煤炭资源开采及转化利用现状

煤炭的开采历史已有上千年,它是中国工业的粮食。受贫油、少气、富煤能源赋存特征影响,目前国内石油、天然气在能源构成中的比重较低,煤炭一直是我国的主要能源。2019 年 2 月 28 日,国家统计局发布《2018 年国民经济和社会发展统计公报》。公报数据显示,2018 年,全国原煤产量完成 36.8 亿吨,同比增长 4.5%。2018 全年能源消费总量 46.4 亿吨标准煤,比上年增长 3.3%。煤炭消费量增长 1.0%,煤炭消费量占能源消费总量的 59.0%。[1]国家《能源中长期发展规划纲要(2004—2020 年)》[2]中已经确定,中国将"坚持以煤炭为主体、电力为中心、油气和新能源全面发展的能源战略"。因此,在相当长的时期内,煤炭作为我国的主导能源不可替代。但在推进生态文明建设和绿色发展转型的大环境下,我国煤炭行业面临着一系列突出的问题和挑战。

一是产能过剩问题严重。在我国电力紧缺、东南沿海地区企业发生限电拉闸的状况下,国内煤炭企业大力投入,新建了一批煤矿,使近年来煤炭产量迅猛增长,但总体能源消耗对煤炭的依赖度下降。同时一批技术落后、产量低的煤矿继续生产,在安全、环保和效益方面,都不符合现代煤矿要求。2015 年我国煤炭生产 37.5 亿吨,而产能达到 57 亿吨以上,过剩产能近 20 亿吨,产能利用率低于 65%[3]。2016 年,国务院发布《关于煤炭行业化解过剩产能　实现脱困发展的意见》,正式拉开我国煤炭行业供给侧改革序幕。

二是煤炭生产和消费造成的生态破坏和环境污染问题突出。我国煤炭开发引发了大量地表沉陷、水资源流失、固体废弃物堆存等问题。煤炭的大规模利用是造成我国大气污染的主因[4]。从我国能源活动碳排放的来源看,煤炭碳排放占我国能源消耗碳排放量的比例长期保持在80%左右。在此背景下,控制煤炭消费是我国有效控制碳排放和应对气候变化的根本途径。

三是煤炭利用方式和效率需要转变和提高。我国煤炭利用的结构和方式需要进一步优化调整。2014年,我国煤炭消费总量为41.2亿吨,其中电力用煤占比不足50%,钢铁、建材、化工用煤占比分别为15%、14%、6%[5],此外还有大量民用散烧煤。我国能源开采、转化和利用效率偏低,据测算,2016年我国能源利用效率(包括中间转化和终端消费)为46.8%,而煤炭综合转化利用效率仅为40%左右。

随着我国能源政策和环境政策的要求逐步变化,化解产能过剩、减少污染物排放、实现清洁高效利用是我国煤炭行业的重要任务和发展方向,其中清洁高效利用煤炭资源则是我国煤炭行业长期发展的最重要任务。近年来,中国一直在努力改善能源利用方式,减少煤炭直接燃烧,实施产业升级开发煤炭高效转化和洁净利用技术,如煤-电、煤-焦、煤-化工、煤-钢铁-建材一体化联产技术[6-8]。以能量品位对口、梯级转化为理念,通过不同单元技术的耦合协同,力图发展新的煤炭能源转化理论和技术,为我国煤基能源流程工业的节能技术和污染防治提供科学依据、技术途径,煤炭已经从单一燃料转向燃料与原料并重,获得了良好的效果。

1.1.2 我国炭素材料研究及应用现状

传统的炭素材料应用广泛,在工业生产中发挥了重要作用。随着科技进步和环境保护要求的日益提高,我国炭素材料行业发展迅速,研究和开发具有高附加值、低污染、少排放的炭素材料工艺成为核心任务。据中国炭素行业协会统计数据(图1-1),2018年我国炭素行业总产能超过4 600万吨,预计未来几年的年增长率在8%左右。我国炭素制品呈现的总体现状是:初级产品过剩,石墨电极类制品占据了国产炭素制品的较大比例,中端产品质量稳定性不高,高端产品缺乏,虽然国内企业奋起直追,增加中高端产品研发能力,但尚未根本改变目前的总体形势。国内超过80%的高端制品市场被西格里炭素(德国)、东洋炭素(日本)、罗兰炭素(法国)等几家国外企业垄断,尤其是汽车、航空航天、冶金领域的机械用炭材料,半导体单晶硅、光伏产业多晶硅和核电领域的高纯石墨制品,生物制药、精密电子、环境保护领域的过滤吸附多孔材料,大量依靠进口。

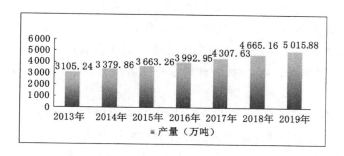

图 1-1 近几年我国炭素制品产能及预测情况

从炭素研究和应用的热点和前景看，多孔炭材料、纳米碳材料、含碳复合材料及高纯度石墨材料，构成了当今炭素材料应用研究领域的重点。

（1）多孔炭材料[9-11]。多孔炭材料是指具有不同孔隙结构的新型炭素材料，其孔隙尺寸处于与吸附分子尺寸相当的纳米级超细微孔至微米级细孔范围内，具有耐高温、耐酸碱、导电、导热等一系列特点，已在气体和液体的精制与分离以及电子工业、生物材料和医学等诸多领域得到广泛应用。多孔炭材料在能源存储和环境净化方面的应用有着很大的前景，一直是炭素材料之中的一个重要的研究对象。多孔炭材料由于具有优异的金属离子、气体和有机液体吸附存储特性，同时还具有良好的环境亲和性，即无毒、无味和可回收，因此可以被用作离子型能源与气体能源存储的载体及有毒金属离子、气体和液体的环境净化吸附剂。

多孔炭材料在能源存储方面的主要应用领域为双电层电容器的电极材料和氢气与天然气存储的载体[11]。在环境净化方面，多孔炭材料主要用于水的净化和气体的净化。由于对水中金属离子和有机液体具有良好的选择性吸附效果，因此它可用作水的净化处理剂或者直接用来对贵重金属和有机物进行回收。多孔炭材料还可以用于汽车尾气和工业废气经过的通道中，源于它表现出的良好的选择性吸附特性，如对含硫和含氮氧化物的有毒尾气的吸附。另外，利用多孔炭材料孔径大小和表面性质可以实现混合气体的分离，如利用碳分子筛可以将空气中氧气和氮气分开。

（2）纳米碳材料[12-14]。纳米碳材料是指在一维或多维方向上尺寸处于纳米尺度范围内的碳材料，包括碳纳米管、富勒烯球、纳米纤维、纳米石墨片、碳黑等。碳纳米管因其独特的力学、电学及化学性质，已成为全世界的研究热点，在场致发射、纳米复合增强材料、储能材料等众多领域取得了广泛应用。随着碳纳米管合成技术的日益成熟，低成本大量合成碳纳米管已经成为可能，探索和研究碳纳米管的应用具有重大的实用价值。纳米碳管的应用研究主要集中在场发射材料、碳纳米管复合材料、碳纳米管储氢材料、碳纳米管锂离子电池负极材料等领域。

（3）碳复合材料[15-17]。在炭素科学中，复合材料包含多种组分，其中炭素以基体、增强体、添加剂或涂层等形式存在的材料被称为碳复合材料，是继多孔炭材料和纳米碳材料之后的又一研究热点。其显著特点是：密度小、高温性能极佳、抗烧蚀性能良好、摩擦磨损性能优异、强度和硬度高。在航空航天、机械制造、核电、化工、能源、生物医药等领域，有广泛的应用。

（4）高纯度石墨材料[18-20]。高纯度石墨材料除了具备普通石墨材料的优点外，还具有纯度高、化学性能稳定的特点，在冶金、航空、航天、核能、电子、新能源领域广泛应用。比如，在冶金行业用作耐火材料；在铸造行业用作铸模和防锈涂料；在化学中用于防腐蚀的器皿和设备；在核能行业中用于原子反应堆的减速器、液体输送泵的密封材料等；在航空航天及火箭领域中用作发动机的喷管喉衬、隔热材料等；在新能源产业中用于多晶硅还原炉内硅芯夹持套件；在电子行业中用于制作各种电极、碳棒及涂料。

1.2　煤基多孔炭/石墨研究涉及的科学问题

长期以来，我国政府、企业和广大科技人员都在为煤炭资源的绿色开采及高效洁净利用不断努力，获得了丰富的研究成果。以煤沥青焦和煤沥青为主要原料，制备多孔炭/石墨材料，通过浸渍增强和孔隙结构优化，应用于过滤、吸附、机械、新能源等工业应用，既推动我国炭素制品品质升级，提升国产制品市场竞争力，又为我国煤炭资源的高效洁净转化利用进行一定的探索和尝试，具有良好而广阔的前景。以煤基原料制备高品质的炭/石墨等多孔材料的过程，涉及热力学、流体动力学、材料学、分形逾渗理论等多学科知识。

（1）焙烧成孔过程中复杂的热质输运过程

石墨生坯焙烧过程中，挥发分（以煤沥青为主）在焙烧过程中发生"吸热—液化—流动—热解—挥发—缩聚—凝固"等物理和化学变化，是典型的"液—固—气—热"多物理场耦合过程，对焙烧质量有重要影响。另一方面，该过程同时发生了相变和热质迁移。无论是理论研究还是实验研究，炭/石墨坯料的焙烧成孔过程中的液体流动现象都是极为复杂的过程,存在诸多难点。因为坯料焙烧是在密闭环境下(焙烧炉)加热至高温(1 000 ℃左右)的过程,无法通过直接观察和测量获得该过程中气、液、固各相的状态及参数,实验研究只能在阶段性取样冷却后,对试样进行测量,不利于流动过程研究。如果采用数值模拟的方法进行理论研究,准确的几何模型和必要的实验参数是难点,尤其是以沥青为主的挥发分在各阶段的物性参数,如密度、导热系数、扩散系数、渗透系数等,测量较为困难,除密度有可借鉴的参数外,其他均未见公开的测量方法和结论。因此,目前研究炭/石墨坯料焙烧过程,几乎都从材料学角度入手,着重研究工艺参数对焙烧质量的影响规律,鲜有从多孔介质流体动力学角度研究其焙烧过程的研究成果报道,这是一个有趣的、值得深入研究的领域。

已有研究[21]表明,根据挥发分在孔隙中占据程度的变化,焙烧成孔过程是饱和多孔介质、非饱和多孔介质交替进行的过程。利用饱和多孔介质和非饱和多孔介质的热质传递理论,建立数学模型,利用系列控制方程组,结合边界条件和其他辅助条件,研究热质输运过程的温度场、渗流场及孔隙形态分布,是研究焙烧成孔过程中的热质输运现象的方向之一,但是需要解决前述问题中的物性参数测量问题。

(2)复杂非均质多孔介质结构表征

在经典欧几里得几何学中,物体的形状都是规则的,描述物体维数的参数都是整数,如零维(点)、一维(线)、二维(面)、三维(体)。对于形状不规则的物体,通常采用近似的整数维数予以描述,如将山峦、山峰、树冠、沙堆等近似为圆锥体,将石头、颗粒物等近似为球体,在此基础上,将圆柱体、圆锥体、长方体、立方体、球体等形状进行组合,描述更为复杂的物体。对于不规则的物体,欧几里得几何学的描述是近似的、不准确的,适用于精度要求不高的场合。对精度要求较高的场合,或结构非均质程度高、无法近视描述的物体,传统几何学显得力不从心,如发散的树枝、松散的沙滩、复杂的人体血管、蜿蜒的河流等,无法用传统方法予以描述和表征。

随着科技发展和认知的进步,人们越来越意识到需要用新的方法来描述自然界中非均质、不规则的物体或自然现象,如沙滩、混凝土、岩石、云朵、雪花等。这种不规则性很难用某个定量的参数进行准确描述,只能用诸如"不规则、不均匀、比较曲折、粗糙"等形容词来定性描述,这样的描述在科学研究工作中显然不够严谨。分形理论的出现为我们研究自然界中不规则现象提供了有力工具,在物理、化学、材料、地理、经济、社会学等诸多领域应用广泛[22-24]。

煤基多孔炭/石墨孔隙结构复杂,无论如何简化,都很难用近似的欧几里得几何体进行描述,那么是否可采用分形理论进行描述呢?要回答这个问题需要解决两个问题:首先判断煤基多孔介质是否是分形介质,即是否具有自相似性和标度不变性;然后在此基础上(具有分形特征),应用分形理论描述煤基多孔介质结构特征。观察炭/石墨多孔介质孔隙的形态和分布,最显著的特征就是不规则性,包括孔隙形状的不规则性和分布的不规则性。因此,借鉴分形理论描述多孔介质结构特征方面的方法,研究炭/石墨多孔介质孔隙结构的形态和分布,可以为后续浸渍、过滤、吸附、流动科学问题的研究提供孔隙结构方面的支撑。

(3)复杂多孔介质三维结构精准表征及有限元构造方法

多孔介质常用于浸渍、过滤、吸附等领域,为了研究多孔介质内的流动现象,需要进行多孔介质模型构造,如果采用数值分析方法,还需要进行有限元建模。准确的三维建模有助于理论研究结果更加贴近于实际情况,随着测量手段丰富、测量技术进步、处理软件功能改进,多孔介质的三维构造和有限元建模逐渐成为本领域内近年来的研究热点。

诸多研究人员先后提出了毛管模型、球形颗粒堆积模型、格子模型和数字岩芯、网络模型等多种模型用于多孔介质三维结构模拟,获得了丰富的研究成果,但是都建立在对多孔介质进行不同程度简化的基础上,存在不同的缺陷。多孔介质三维结构的实验测量手段通常有压汞法(HMI)和氮气吸附法(NAM),但这类方法通常只能测量相互连通的孔隙,不能测量闭孔且测量介质不能渗透到的微小孔隙。此外,压汞和吸附法最大的弊端是只能获得结构参数,不能实现成像,不利于建模。随着电子测量技术进步,目前用于多孔介质结构测量和成像的主流技术有扫描电镜(SEM)、CT扫描(Micro-CT、Nano-CT)、聚焦离子束(FIB)、聚焦离子束-扫描电镜(FIB-SEM)、核磁成像(MRI)等技术,极大地推动了多孔介质三维结构测量和重构在精度上的进步,越来越逼近多孔介质实物结构[25-28]。

用于数值模拟研究的多孔介质有限元模型构造是另一个热点和重点问题。通过实验手段实现了多孔介质三维结构测量和构造,并不代表多孔介质能被数值模拟软件识别和应用,还需要一个关键步骤,就是有限元网格划分和建模。对已经获得的三维结构,根据需要进行有限元网格划分,网格划分后还需进行网格修补,转化为计算流体力学(CFD,compuational fluid dynamic)软件能够识别的有限元模型。高效的有限元建模方法能够减少软件运算量、获得更为精确的模拟结果。

因此,通过先进的测试及构造方法,精准测量煤基多孔介质的三维孔隙结构参数,构造可视化的三维模型,并通过技术手段转化为 CFD 模拟软件能够直接识别的有限元模型,是实现煤基多孔介质渗流、浸渍、吸附等流体力学现象研究的有效保障。

(4) 多孔介质内流体渗流动力学行为及逾渗演化机理

煤基多孔介质的制备和应用过程中,有以下 3 个环节涉及流体流动问题:一是坯料焙烧成孔工艺过程,挥发分(以沥青为主)等成分在温度场的作用下液化并在基体内流动挥发,可以看作流体(挥发分)在多孔介质(骨料颗粒组成的骨架)内流动;二是浸渍工艺过程中,浸渍剂(如树脂、沥青、熔融态金属)在多孔坯料中流动;三是多孔介质的过滤、吸附等工业应用中,过滤流体在多孔介质中的流动。这些流动现象具有共同特点,就是都是在"热—流—固"多物理场作用下的流体渗流过程。

在加压浸渍过程中,浸渍剂在温度场和压力场的作用下,向多孔介质的孔隙内渗透浸入,涉及热力学和渗流动力学,包含了物理化学反应和结晶过程。目前,多孔石墨浸锑材料已经具有良好的工业应用,但是有关浸锑的基础研究仍然集中在工艺、性能和应用方面,关于其浸渍动力学过程及金属锑在多孔介质中的动力学行为研究甚少。以下关于多孔石墨高温高压浸渍熔融金属的问题值得研究:① 多孔介质孔隙结构对浸渍过程中熔融金属的流动行为(流动速度、浸渍深度)的影响规律;② 熔融金属的黏度变化规律;③ 黏度对熔融金属流动过程的阻力作用;④ 多孔介质中气体对反作用规律;⑤ 卸压过程中的"反渗"现象。

从渗流力学和热力学角度研究炭/石墨多孔介质中的流动现象,涉及复杂的数学模型和控制方程组,难度很大,往往得不到令人满意的结果。为了规避纷繁复杂的数学问题,我们将从多孔介质中孔隙被占据的角度出发观察,无论是焙烧成孔过程,还是加压浸渍过程,都可以看成是流体在多孔介质中逐步占据孔隙的过程。焙烧过程是随着挥发分的溢出,孔隙数量"从无至有,从少变多,从局部孔隙到贯穿坯料"的演变过程,最终实现形成贯穿全局的孔隙网络集团。浸渍过程也是浸渍剂"从无到有,从局部联结到整体连通"的演化过程,最终形成占据绝大多数孔隙,贯穿整个坯料网络的浸渍剂分布。上述过程可以理解为随着某一参数在整体中占据比例逐渐增加,当占据比例达到某个阈值时,发生了根本性的转变,如孔隙由局部变为整体连通,浸渍剂由局部占据变为占据贯穿整体的孔隙通道,这样的转变就称为"逾渗"。而逾渗理论则是研究自然界中这种突变的有力工具,不需要复杂的数学模型和大量的数学运算。因此,应用逾渗理论分析研究炭/石墨坯料的焙烧成孔过程和浸渍过程,是非常快捷、有效的途径。

1.3 炭/石墨多孔介质的制备工艺概述

炭/石墨多孔介质通常采用煅烧焦(石油焦、沥青焦、无烟煤等)为骨料,通过合理的骨料配方,添加煤沥青作为黏结剂,加热混捏后进行机械压型,经过高温焙烧等热处理及浸渍等工艺流程后制得,制备工艺对制品的最终性能产生重要的影响。

1.3.1 原料

炭/石墨制品的主要原料有骨料、黏结剂、添加剂等,现作简要介绍[29-34]。

(1)骨料

炭/石墨制品的骨料主要有石油焦、沥青焦、无烟煤、冶金焦、天然石墨、无烟煤等,最主要的是石油焦、沥青焦和天然石墨。

石油焦是石油炼制工业的副产品,是油渣、石油沥青经焦化反应后得到的固体残余物,其特点是灰分低,在高温下容易石墨化,结构呈黑色或暗黑色的蜂窝状,孔隙多呈椭圆状,相互贯通性好,应用广泛,是生产各类炭和石墨制品的原料。

沥青焦是高含碳量、低灰分及低硫分的优质焦炭,与石油焦相比,其结构更致密,总孔隙率更小,耐磨性及机械强度更高,灰分含量稍高,是生产人造石墨制品、阳糊极及预焙阳极的原料,生产沥青焦的原料主要是煤沥青。

天然石墨由底层内含碳化合物经过气成作用或深度变质作用而形成,其灰分含量低,主要有晶状石墨和土状石墨两类,大量用于电炭行业生产各种电刷、耐磨材料和坩埚等。

(2)黏结剂

石墨坯料的物理化学性能,在一定程度上取决于黏结剂的性质和黏结剂对骨料的浸润、渗透和黏结力。目前,石墨工业中采用的黏结剂以煤沥青为主,煤沥青在常温状态下为黑色固体,无固定的熔点,呈玻璃相,受热后软化继而融化,密度为 $1.25 \sim 1.35 \ g/cm^3$,按照软化点不同分为低温沥青、中温沥青、高温沥青和改质沥青。

煤沥青黏结剂在石墨多孔材料生产中的主要作用有二:一是煤沥青呈液态时使炭质骨料及粉料润湿、黏合及混捏成可塑性糊料,糊料加压成型及冷却后沥青硬化,将糊料及粉料固结成生坯;二是在焙烧工艺中黏结剂煤沥青参加碳化反应生成沥青焦(又称"黏结焦")并形成良好的固态结合,使制品获得较为固定的几何形状。

在石墨多孔材料的坯料制备阶段,有两个因素对生坯的物理性能有重要影响:一是骨料粒度的匹配;二是黏结剂的含量。沥青黏结剂含量过高,多余的沥青占据坯料中部分骨料的空间,则造成生坯在焙烧过程中容易变形,烧结后的半成品孔隙率过高,密度、机械强度较低,达不到要求的技术指标。沥青黏结剂在坯料中分布主要有 3 种方式:渗入骨料颗粒孔隙内部、包裹在骨料颗粒表面、填充于骨料颗粒之间的间隙。

(3)添加剂

在炭素制品生产工艺中,常常加入添加剂,其目的主要有两个方面:一是改善其内部结构、提高炭/石墨制品性能,如提高物理、摩擦学和力学方面的性能;二是提高浸渍性能,有利于浸渍过程的进行。

制备过程中,在焦炭焙烧、配料、磨粉、混捏等工序中都可加入添加剂。在煅烧焦炭时加入氰氨化钙,可以减小毛坯的热膨胀,降低毛坯开裂报废的概率。在沥青黏结剂中加入一定的添加剂(如增塑剂或表面活性剂),在焙烧过程中有利于降低沥青的表面张力和黏度,明显改善沥青对骨料颗粒的润湿能力,提高其流变特性,有利于焙烧过程的进行,降低坯料在焙烧工艺中的开裂率。此类添加剂常见的有环烷基-16、二硫酸铵、油酸、酚醛树脂、二硅化钼、硼等。

在多孔石墨的浸渍熔融金属(如锑)工艺中,由于石墨材料对金属锑液的浸润性差(浸润角大),为了改善浸润性能,可以在炭/石墨原料中加入浸润性的物质,如硅、二氧化硅、四氧化三铁、三氧化二硼等,主要目的是降低石墨材料与金属之间的浸润角,使浸渍容易,提高浸渍的效果。还可以在原材料混合过程中加入有机磷酸盐,在焙烧时,其抗氧化性可以得到增强。添加剂的加入虽然可以改善制品性能,提高浸渍效果,但其加入量需要根据石墨毛坯性能来确定,也不是加入量越多越好,一般为 2%～10%。

1.3.2 石墨多孔介质制备工艺

石墨制备工艺十分复杂,通常包括原料的煅烧、配料、混捏、压型、焙烧和浸渍等[35-38]。

(1)煅烧

由于石油焦、沥青焦和无烟煤中含有大量挥发分,因此使用前都需要进行煅烧。煅烧指对各种炭素原料在隔绝空气条件下进行高温干馏,其目的是提高炭素原料的物理化学性能。原料煅烧的质量对以后各工序的技术指标及成品质量有重要影响。通常情况下,与煅烧前相比,煅烧后原料比较硬、脆,比较容易粉碎、磨粉和筛分。

煅烧是炭素生产过程中重要的预处理工序,各种炭素原料在煅烧过程中从元素组成到组织结构都发生了一系列显著的变化,煅烧可以排除原料中的挥发分及水分、提高原料的密度和强度、提高原料的导电性能、提高原料的化学稳定性。

煅烧是炭和石墨制品工艺中的第一道热处理工序,为了保证成品质量,防止压型后的生坯在焙烧工艺中开裂,原料煅烧温度一般要求比生坯焙烧温度高,需达到 1 200～1 300 ℃。

（2）配料

在配料前,通常要对物料进行破碎与筛分。石墨坯料的制备需要不同粒度的原料,而经过破碎后的物料,需要进行粒度分级,即筛分。

配料是以粒度不同的炭质固体原料作为骨料（大颗粒）再加上填料（小颗粒）和一定数量的黏结剂按照一定的比例混合的工艺过程。配料是石墨多孔介质制备工艺中的主要工序,对成品质量及各工序的成品率有重要的影响。配料主要包括 3 个方面[11-12]：① 选择炭质原料的种类及确定不同种类原料的使用比例；② 确定固体炭质原料颗粒的组成比例；③ 决定黏结剂的软化点及使用比例。

粒度配比是各种不同直径的颗粒料（事实上不是球形颗粒）的配合比例。合适的粒度配比可以得到较高的堆砌密度和较小的孔隙率,提高制品的机械性能。骨料配方按照尺寸可以认为由大颗粒、中颗粒或小颗粒、粉料等三四种不同大小的颗粒组成。大颗粒在坯体结构中起骨架作用,有利于提高成品率。大颗粒不是越多越好,大颗粒比例越大,则坯体的孔隙率越大,其机械性能降低。小颗粒的作用是填充大颗粒之间的空隙。粉状小颗粒（粉料）在配方中所占比例对焙烧后的半成品有重要影响。

（3）混捏

混捏是将骨料颗粒、细粉、黏结剂、添加剂在一定的温度下混合并捏合成可塑性糊料的工艺过程。混捏的目的主要有：① 使各种大小不同的骨料颗粒和细粉均匀混合,提高混合料的密实程度；② 使黏结剂充分包裹骨料颗粒,便于成型；③ 黏结剂渗透到固体颗粒进一步渗透到固体原料颗粒的孔隙中去,提高混合料的密实程度。

实际混捏工艺过程中,混捏的质量与下面两个因素有关：

① 混捏温度。如果混捏温度过低，则沥青的黏度较大，不仅流动性较差，而且对固体颗粒的润湿性也很差，搅拌很费劲，混捏后的糊料密实程度低，塑性差；如果混捏温度过高，部分轻质组分发生分解和挥发，还有部分组分在空气中氧氧气作用下发生缩聚反应，使糊料的塑性变化，压型后成品率较低。

② 混捏时间。混捏时间的长短对混捏质量有影响。混捏温度较低时，混捏时间应适当延长，反之，混捏温度较高时，混捏时间适当缩短。使用软化点较低的黏结剂，在同样的混捏温度下可适当缩短混捏时间。若配方中使用小颗粒较多，应适当延长混捏时间，因为小颗粒的比表面积大，被沥青浸润和混合均匀需要较长的时间。

（4）压型

压型是将混捏后的糊料放置在模具中，以一定的压力压制成型。成型压力和温度也是影响生坯质量的重要因素，成型压力越大，则颗粒间越紧，孔隙率越低，焙烧后生坯密度和机械强度越大，但压力也不能过大，压力过大使骨料颗粒超过其塑性变形极限，发生脆性断裂，焙烧过程中容易开裂。模压成型方法主要有模压成型、挤压成型、振动成型、等静压成型等。目前常用的是等静压成型，最大的特点是成型后的毛坯密度分布均匀，还可分为热等静压成型和冷等静压成型。

（5）焙烧

焙烧是将模压成型的生坯放置在特殊的加热炉（如工业马弗炉）内，在隔绝空气的情况下，按照一定的升温速度加热到 1 000～1 250 ℃。作为炭/石墨材料制备工艺中主要的热处理工艺之一，焙烧的目的是通过加热使生坯中的黏结剂碳化，把固体骨料颗粒和煤沥青碳化后的沥青焦牢固联结成整体。焙烧过程是一个伴随复杂的物理化学变化的过程，生坯中的沥青黏结剂、添加剂随着焙烧温度的升高发生分解、流动、缩聚、碳化等反应。根据温度不同，分为以下几个阶段：从黏结剂软化到挥发分大量排除阶段（200～500 ℃）、黏结剂的焦化阶段（500～800 ℃）、高温焦化阶段（800～1 200 ℃）、冷却阶段（1 200 ℃～室温）。

焙烧温升曲线对生坯中沥青的分解、流动、缩聚、碳化等反应进程有重要影响，从而影响生坯形态的变化过程，最终影响焙烧后制品的物理化学性能，如密度、孔隙分布、抗压强度、抗拉强度等。据统计，在早期制备工艺中，生坯报废率达 50%，根本原因就是焙烧温升曲线没有达到最优化。焙烧过程温升慢，沥青有足够的时间进行充分的分解和聚合反应，结焦量增加，密度增加，焙烧体系内温度分布均匀，制品的各项机械性能提高，开裂率减小。

（6）浸渍

浸渍是将焙烧后的半成品和浸渍剂放置在浸渍容器（浸渍罐）中，在一定的温度和压力下，使浸渍剂渗透进入石墨坯料的孔隙，达到密实、增加强度、提高机械性能的目的，是炭/石墨制品生产工艺中的一个补充加工工序。在机械用炭领域，有时为了制备高密度、高机械强度的制品，需要多次浸渍。影响浸渍效果的因素有两方面：一是工艺因素；二是浸渍剂的物理性质。

影响浸渍效果的工艺因素大致有浸渍前半成品的预热温度、浸渍剂的预热温度、浸渍时的加热温度、真空度、压力以及加压时间，最为重要的是浸渍时的加热温度、真空度、加压压力及加压时间等 4 个因素。

影响浸渍效果的另一个重要因素是浸渍剂的物理性质，其中以浸渍剂的相对密度、黏度、表面张力及接触角、结焦残炭率较为重要。

（7）石墨化

石墨化是一个高温热处理过程，是通过高温将热力学不稳定的非石墨质碳转化为性能稳定的石墨质碳的过程，本质上是将原料中的碳乱层结构转化成石墨的晶体结构。在实现碳乱层结构向晶体结构转化的同时，原子层之间要重新排列，而且层间逐渐靠近。温度越高，微观的原子（原子团）的动能也越大，但原子间的吸力足够阻止其热移动。石墨化的过程就是石墨型结晶碳生成的过程，从空间结构的观点来看，石墨化过程是从二维空间向三维空间的转化，因此各项性能得到改善。

石墨化过程可以在专用石墨化炉或高温电炉内进行。将石墨坯料放置于保护性介质中，通过电阻丝加热到 $2\,200\sim3\,000\ ℃$，完成无定形的乱层碳结构向三维石墨晶体的有序结构转化的过程。石墨化主要作用有：① 使制品的导热、导电性能提高；② 增强炭材料的化学稳定性和抗热震性；③ 增加材料的润滑性和耐磨性；④ 提高炭材料纯度。

1.4　煤基多孔炭/石墨的制备

1.4.1　骨料配方

原料采用煤焦颗粒，本书主要研究焙烧过程中孔隙结构的变化情况。具体来说，研究沥青黏结剂在焙烧过程中的流动情况以及焙烧制度对孔隙结构形成的影响。因此,借鉴已有经验,对于过滤用石墨坯料和浸渍用石墨坯料的骨料颗粒级配方案如表 1-1 所示。

表 1-1 骨料颗粒级配方案

序号	用途	骨料 A (200~400 目)	骨料 B (400~600 目)	骨料 C (600~800 目)
1	过滤用	60%	30%	10%
2	过滤用	70%	20%	10%
3	浸渍用	55%	30%	15%

骨料颗粒级配方案确定后,需要确定黏结剂的用量,一般来说,用于过滤的石墨材料其孔隙率更大,在坯料制备中黏结剂的含量更高,浸渍用石墨多孔材料的孔隙率较低,所需黏结剂用量相对较少。黏结剂的用量没有通用的计算方法,很难准确计算,一般根据试验情况确定一个较为合理的用量范围。根据已有经验,选择黏结剂为中温煤沥青,含量分别为:14%、16%、18%、24%、26%、28%、30%。

混捏工艺是将骨料按照级配方案称重并混合,然后将煤沥青磨成细粉,按照比例添加,将混合料装入滚筒并混捏 4 h,目的是使大小不同的骨料颗粒和黏结剂充分混合,有利于模压成型。

混捏充分后即进行加热及模压成型,一般来说,成型压力越大,骨料颗粒压得越实,孔隙率越低,但如果压力过大,超过骨料颗粒的变形极限,会将颗粒压碎,导致强度降低。另外,通常采用的单向模压成型方法对直径较小、高度较大的细长型试样容易造成在承压方向上压力分布不均,导致密度不均,因此,加压速度不宜过快,尽量减少承压方向压力不均带来的影响。也可采用"等静压法"来解决单向模压带来的压力不均的问题。鉴于实验条件等因素,本书采用单向模压法,在 120 MPa 压力机上完成模压成型。模压之前,将混捏后的混合料加热至 150~170 ℃(一般比煤沥青软化温度高 50~70 ℃),约 1 h 后将混合料转入磨具中进行压型,对于过滤用石墨坯料,成型压力在 35 MPa,对于浸渍用石墨坯料,成型压力在 70 MPa,保压时间为 5 min。保压结束后,取出试样并冷却至常温,得到焙烧所需的石墨生坯。

1.4.2 焙烧升温曲线

研究表明,影响焙烧质量的因素众多,如炉体结构、加热方式、填料类型、装炉方法、生坯质量等,而升温曲线则是影响焙烧质量最重要的因素。升温曲线影响沥青黏结剂的热解、缩聚、碳化进程,并最终影响焙烧制品的物理化学性能和孔隙结构特征。升温速度快,沥青中挥发分挥发速度加快,热解不够充分,结焦量减小,另外,过快的升温速度造成坯料内部温度梯度和应力增大,容易产生裂纹。反之,升温速度慢,沥青的热解缩聚反应充分,结焦量增加,孔隙分布更加均匀合理,焙烧制品的各项性能稳定。因此,我们综合已有经验和实验条件等实际情况,按照"预热阶段温升稍快,热解阶段温升放慢,缩聚阶段温升可适当加快"的原则制定了 4 种升温曲线[21]。

(1) 升温曲线 1(图 1-2,图中时间为约数,下同):从室温(20 ℃)开始加热,3 h 后加热到 250 ℃,然后按照 30 ℃/h 的速度升温至 500 ℃,保温 6 h,500~1 000 ℃按 70 ℃/h 升温,1 000 ℃保温 6 h,关闭加热炉,自然冷却 12 h 后开炉取样,全部过程耗时 42 h。

(2) 升温曲线 2(图 1-3):从室温(20 ℃)开始加热,3 h 后加热到 250 ℃,在 250~500 ℃区间按照 15 ℃/h 的速度升温,500 ℃时保温 12 h,500~1 000 ℃按 50 ℃/h 升温,1 000 ℃保温 12 h,关闭加热炉,自然冷却 12 h 后开炉取样,全部过程耗时 66 h。

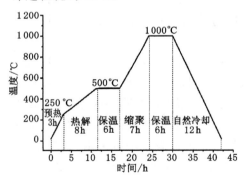

图 1-2　焙烧升温曲线 1

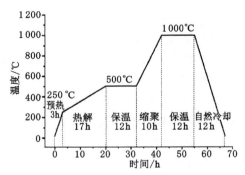

图 1-3　焙烧升温曲线 2

(3) 升温曲线 3(图 1-4):从室温(20 ℃)开始加热,3 h 后加热到 250 ℃,在 250~500 ℃区间按照 5 ℃/h 的速度升温,500 ℃时保温 24 h,500~1 100 ℃按 20 ℃/h 升温,1 100 ℃保温 36 h,然后按照 30 ℃/h 的速度降温,到 500 ℃后关闭加热炉,自然冷却 8 h 后开炉取样,全部过程耗时 175 h。

(4) 升温曲线 4(图 1-5):进一步降低热解和缩聚过程的升温速度,并且延长保温时间。从室温(20 ℃)开始加热,3 h 后加热到 250 ℃,在 250~500 ℃区

间按照 4 ℃/h 的速度升温,500 ℃时保温 24 h,500~1 000 ℃按 15 ℃/h 升温,
1 000 ℃保温 36 h,然后按照 20 ℃/h 的速度降温,到 500 ℃后关闭焙烧炉,自
然冷却 12 h 后开炉取样,全部过程耗时 198 h。

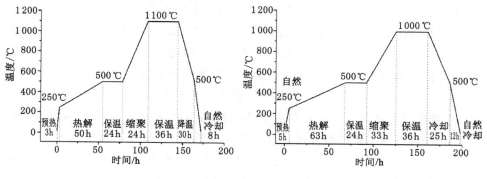

图 1-4 焙烧升温曲线 3   图 1-5 焙烧升温曲线 4

1.4.3 浸渍

多孔炭/石墨坯料浸渍其他浸渍剂(如树脂、巴氏合金、铝、锑、铜等)效果主
要取决于 3 个方面的因素:一是多孔介质坯料性质,如坯料尺寸、孔隙率、孔径、
孔隙分布等;二是浸锑工艺,如浸渍设备(是否抽真空浸渍)、工艺参数(浸渍压
力、浸渍温度、浸渍时间等);三是浸渍剂本身性质,如黏度、表面张力、润湿角
(接触角)等。浸渍目的和浸渍剂不同,各种浸渍工艺也有所差别。以浸渍金属
锑为例,浸渍工艺如图 1-6 所示。

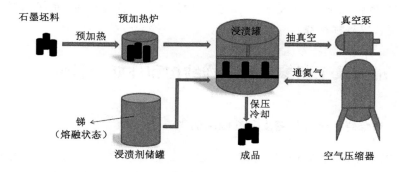

图 1-6 多孔石墨浸渍工艺

（1）将待浸试样装在坩埚内放置在预热炉内。通常情况下，可将浸渍剂（金属锑）直接放入装有炭/石墨试样的坩埚内。多孔石墨坯料需要固定，因为石墨相对密度比熔融态锑小，浸渍过程中未固定的石墨试样会漂浮在液态金属中，未固定的石墨试样不能沉没入金属液面以下，无法完成浸渍操作。

（2）预热试样与浸渍剂。锑的熔点是 631 ℃，需要预热 4 h，将坩锅炉加热至 800 ℃以上，目的是使试样全部"热透"，金属锑处于完全的熔融态，与浸渍剂温度相同。预热时间的长短取决于试样的导热性与结构尺寸以及加热的方式。预热的主要目的有 3 个方面：一是尽可能地去除吸附在试样微孔中的气体和水分；二是使试样的温度与浸渍剂的加热温度相适应，以防熔融金属锑在浸渍过程中由于温度的下降而引起流动性下降与黏性增大，从而影响浸渍效果；三是使微孔吸热膨胀，同时使少量在煅烧与焙烧过程中没有分解完的可分解物质进一步分解，以使孔隙更加畅通、微小孔隙受热膨胀后孔隙增大，有利于熔融金属锑的进入。

（3）抽真空加压浸渍。预热结束，将装有炭/石墨试样及熔融液态金属的坩埚快速移至有保温措施的浸渍罐内，首先抽真空至 50 Pa，用液压机加压密封，通入高压气体加压至所需压力（15 MPa），将熔融态锑渗透进入多孔石墨试样的孔隙中，浸渍压力下保压 2～5 min。

（4）试样冷却。保压时间到，表明压浸渍结束，迅速卸压并分离熔融锑和石墨试样，快速从坩埚中倒出金属液体并取出被浸渍试样进行冷却。为防止试样表面氧化，通常在隔绝空气的条件下冷却，较为简易的方法是埋入沙堆中进行自然冷却至常温。

（5）最后，根据生产技术要求进行机械加工和表面处理，完成试样制备流程，得到石墨浸锑试样。

1.5　配方及工艺参数对试样结构和性能的影响

1.5.1　对焙烧后试样的密度和孔隙率的影响

配方中不同的沥青含量对焙烧后多孔石墨坯料密度和孔隙率的影响如表 1-2 所示，沥青含量 14％～18％的为浸渍用多孔介质；沥青含量 24％～30％的为过滤用多孔介质。可以看出，随着沥青含量的增加，体积密度呈降低趋势，下降趋势减缓，当沥青含量从 14％增至 16％时，体积密度下降了 0.154 6；沥青含量从 16％增加至 18％时,体积密度下降了 0.010 4;当沥青含量从 24％增加至 26％时,体积密度下降了 0.057 5;沥青含量从 28％增加至 30％时,体积密度下降了 0.002 3。孔隙率则随着沥青含量的增加而增加,在沥青含量为 28％时达到最大值 32.42％,之后随沥青含量增加开始下降。对于浸渍用多孔介质,当沥青含量大于 18％时,孔隙率增加并不明显。因此,从多孔介质孔隙率角度分析,浸渍用多孔介质沥青含量以 18％为宜,过滤用多孔介质沥青含量 28％为宜。

表 1-2　沥青含量对密度和孔隙率的影响

沥青含量/％	体积密度/(g·cm⁻³)	真密度/(g·cm⁻³)	孔隙率/％
14	1.785 7	1.998 9	10.67
16	1.631 1	1.930 5	15.5
18	1.620 7	1.922 0	15.75
24	1.282 1	1.763 5	27.25
26	1.224 6	1.742 8	29.69
28	1.189 3	1.761 0	32.42
30	1.187 0	1.731 7	31.42

注:体积密度为包含实际体积、开口和闭口孔隙状态下的密度,此处又称堆积密度;真密度为去除内部孔隙和颗粒间孔隙的密度,此处又称骨架密度。

将同一配方试样按照 4 种不同升温曲线焙烧后,测量其体积密度、真密度与孔隙率,分析不同升温曲线对密度及孔隙率的影响规律,结果如表 1-3 所示。可以看出,随着升温速度降低,试样的体积密度、真密度升高,孔隙率下降,但是下降趋势减缓。当升温速度由 30 ℃/h(曲线 1)降为 15 ℃/h(曲线 2)时,其孔隙率由 32.54％下降为 31.05％,降幅为 1.49％;当升温速度降为 5 ℃/h(曲线 3)时,其孔隙率降为 30.29％,降幅为 0.76％;当升温速度降为 4 ℃/h(曲线 4)时,其孔隙率下降 0.17％,下降趋势逐步减缓。从理论上分析,过快的升温速度导致沥青的分解挥发速度加快,热解过程不够充分,使部分沥青尚未结焦就随挥发分逸出,导致其孔隙率增加;降低升温速度有利于沥青热解反应充分进行,结焦率和密度增加,孔隙率降低。

表 1-3　不同升温曲线对密度和孔隙率的影响

升温曲线	体积密度/(g·cm^{-3})	真密度/(g·cm^{-3})	孔隙率/%
1	1.189 2	1.762 8	32.54
2	1.236 6	1.793 7	31.05
3	1.255 7	1.801 4	30.29
4	1.266 3	1.812 1	30.12

1.5.2　对焙烧后试样微观结构的影响

将焙烧后的试样取样进行金相结构拍摄,分析不同升温曲线对试样结构的影响。按升温曲线 1 焙烧后的试样微观结构如图 1-7 所示。可以看出,按照升温曲线 1 焙烧到 1 000 ℃后并未得到理想的结构,沥青焦化固结效果不明显,对粗大骨料颗粒的包裹不明显,黑色部分为未完全挥发沥青留下的残余物。根据实验过程的具体情况,结合理论分析得出,造成上述情况的原因主要有 3 个方面:一是在 200～500 ℃的沥青分解阶段升温速度过快,沥青的热分解反应不充分,挥发分并未完全挥发就进入固化阶段,沥青在分解阶段的流变性能会在很大程度上决定着煤沥青碳化产物的结构,由于沥青的黏度能在 500 ℃以上随着温度的升高急剧上升,导致其流变性能迅速下降,而使得沥青在没有有效流动去包裹周围粗大骨料颗粒物的情况下就开始固化;二是生坯在焙烧炉中的位置造成传热效率低,坯料在铁皮盒子中水平放置,坯料与盒子之间的空间用细小炭粉颗粒填塞,炭粉颗粒物的导热系数不高,造成焙烧炉传递到坯料的热量有明显滞后;三是保温时间不够长,加热速度和保温时间是影响焙烧结果的重要因素,在每一个升温阶段后应该保持足够的保温时间,以确保效果,焙烧结果表明升温曲线 1 的保温时间不够。

按升温曲线 2 焙烧后的试样孔隙结构如图 1-8 所示。比较图 1-8 与图 1-7 可以看出,降低加热速度和增加保温时间对焙烧过程有良好促进作用,焙烧后试样的孔隙结构清晰可见,沥青黏结剂的分解过程较为充分,孔隙面积大幅增加,但是不足之处是焦化固结效果并不十分理想,粗大颗粒物周围仍然分散有很多细小颗粒物和沥青结焦物质,黑色部分并非完全是孔隙,缩聚效果仍待改善。

升温曲线 3 则在加热速度和保温时间方面继续优化,将加热速度从 15 ℃/h 降为 5 ℃/h,每个升温阶段保温时间由 12 h 延长为 24 h,将最高温度升高

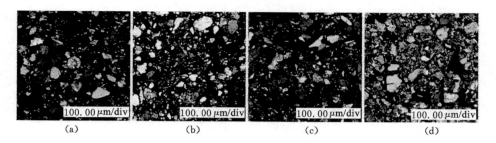

图 1-7 不同试样按照升温曲线 1 焙烧后结构(200 倍)

图 1-8 不同试样按照升温曲线 2 焙烧后结构(200 倍)

到 1 100 ℃,并且在最高温度保温 36 h,同时降温也进行控制,降温到500 ℃以后自然冷却,焙烧后试样孔隙结构如图 1-9 所示。可以看出,孔隙结构轮廓分明,沥青结焦物质和细粉对粗大颗粒的包裹较为明显,固化效果得到明显改善,黑色区域大部分都是孔隙,孔隙连通性较好,尤其图 1-9(d)所示试样形成了明显的相互连通,具有长程联结性的网状孔隙结构。

图 1-9 不同试样按照升温曲线 3 焙烧后结构(200 倍)

升温曲线 4 在升温曲线 3 的基础上进行微调,将热解阶段的升温速度进一步降为 4 ℃/h,缩聚阶段的升温速度降为 15 ℃/h,焙烧后试样孔隙结构如图

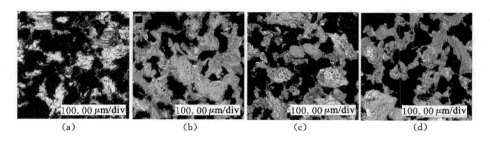

图 1-10　不同试样按照升温曲线 4 焙烧后结构(200 倍)

1-10所示。与升温曲线 3 相比,结构并未发生明显变化,共同的特点是骨架分明、网络结构形成,不同之处在于按升温曲线 4 焙烧后的试样局部出现了一定的碳化现象,在试样(a)中有较为明显的体现。

　　比较同一试样按 4 种升温曲线(升温曲线 1,2,3,4)焙烧后的孔隙结构[图 1-11(a),(b),(c),(d)]可以明显看出,曲线 1 的效果最差,曲线 4 的效果最好,曲线 3 的效果非常接近曲线 4,曲线 2 的效果比曲线 1 的效果好。图1-11(a)中骨架颗粒较为松散,固化效果很差,孔隙面积较小,没有形成网状结构。图 1-11(b)中已经呈现较为明显的孔隙,但是大小差异较大,分布不均,并且固化效果有待提高,图中黑色部分不完全是孔隙,还有部分是沥青结焦残留物。图 1-11(c),(d)中的孔隙结构轮廓清晰,最重要的是形成了具有长程联结性的网状结构,这对石墨多孔介质而言至关重要。由图 1-11 及相关结构参数比较可以看出:升温速度过快会导致沥青结焦率下降,孔隙率增加,但其焦化固结效果较差,显得松散[图 1-11(a)];降低升温速度可以提高沥青结焦率,孔隙率虽略有下降,但是其固化效果好,孔隙分布更为均匀合理[图 1-11(d)]。

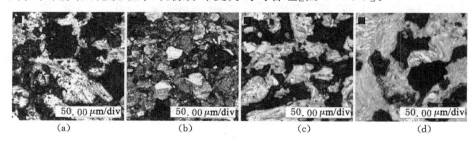

图 1-11　1#试样按不同升温曲线焙烧后图片(500 倍)

1.6　浸锑石墨微观结构

图 1-12 为浸锑石墨的外观[图 1-12(a),(b),(c)]及剖面[图 1-12(d),(e),(f)]。由图 1-12(a),(d)两图可知,试样(a)内部存在一微小的环柱状的色差带,这一区域内没有被浸渍透;由图 1-12(b),(e)两图可知,试样(b)的浸渍效果较差,只是表面有少量的浸渍剂进入,中间深色区域未见金属锑分布;由图 2-12(c),(f)两图可以看出试样(c)被浸透,边缘和内部区域色差很小,基本没有异常区域存在。3 种试样的浸渍效果显然是试样(c)最好,(a)次之,(b)最差。造成这种现象的重要原因是 3 种试样的浸渍压力的差异,压力大小为 $P_b < P_a < P_c$。

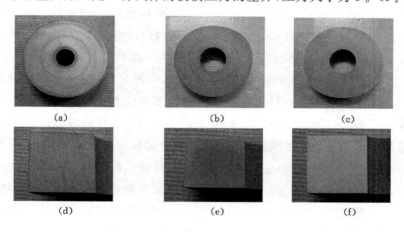

图 1-12　3 种浸锑石墨试样外观及剖面图

浸渍压力小,金属液体流动速度慢,克服孔隙毛细阻力困难,并且孔隙中不可避免地存在一些未被排出的气体,在浸渍过程中形成较高的反作用力,起到"反渗透"作用,这些气体最终聚集,形成浸不透区域,影响产品的性能,如图中的试样(b)。

浸渍压力高,金属液体流动速度快,克服孔隙毛细阻力能力强,此外孔隙中的气体"来不及"被驱赶集中,被浸渍流体封堵形成气泡孤岛,但由于气压更高,占据的体积更小,分布在孔径极小的微孔中,如图中的(c)试样。

图 1-13 展示了 3 种试样的金相结构,从图中可以看出,试样(a),(c)中浸渍效果好,金属锑颗粒物分布均匀,几乎布满了整个截面。进一步比较发现,试样(a)的骨架结构更为粗糙,块状大颗粒物更多,金属体的尺寸更大一些,说明浸渍前多

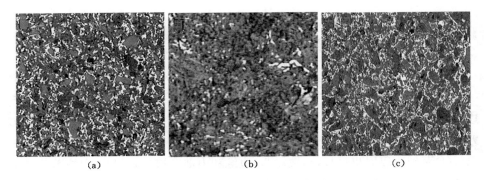

图 1-13　3 种浸锑石墨试样金相结构（200 倍）

孔石墨坯料的孔径更大，由于试样（a）的块状颗粒物更多，大颗粒物之间更容易形成大孔径孔隙，因此浸渍后金属的直径更大；试样（c）的基体更为均匀，块状大颗粒物很少，因此形成的孔隙更为细长，金属锑的分布和形状验证了这样的分析。试样（b）浸渍效果差，分布非常不均匀，中间很大一部分区域只有少量分散的金属锑分布，部分区域有较大直径的金属锑存在，与图 1-12 的剖面截图一致。

　　浸锑石墨的扫描电镜（SEM）照片如图 1-14 所示，它清晰地展示了局部区域的结构分布。与金相照片类似，试样（c）的金属锑分布最为均匀，几乎覆盖了整个拍摄截面区域，并且形成了网状结构，说明浸渍前石墨多孔介质的孔隙连通性好，具备长程联结特征。试样（a）中的金属颗粒粒径比试样（c）中的更大，分布均匀程度稍差。试样（b）的未浸渍区域较多，浸渍区域的金属锑形成小型集团，占据了部分较大孔径的孔隙，总体分布较差。与外观图像和金相图像分析一致，仅从浸渍质量比较，试样（c）最好，试样（b）最差，试样（a）介于两者之间。

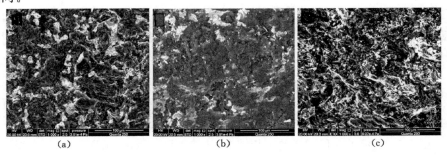

图 1-14　3 种浸锑石墨试样 SEM 图片（1 000 倍）

参考文献

[1] 国家统计局.2018年国民经济和社会发展统计公报[EB/OL].(2019-02-28)[2019-12-24].http://www. coalnews. com/201902/28/c100501. html.

[2] 能源中长期发展规划纲要(2004—2020年).

[3] 罗宏,张保留,吕连宏,等.基于大气污染控制的中国煤炭消费总量控制方案初步研究[J].气候变化研究进展,2016,12(03):172-178.

[4] 陈潇君,金玲,雷宇,等.大气环境约束下的中国煤炭消费总量控制研究[J].中国环境管理,2015,7(5):42-49.

[5] 姜大霖,聂立功.我国煤炭行业绿色发展的内涵与低碳转型路径初探[J].煤炭经济研究,2016,36(11):17-21.

[6] 郭占成.煤基能源流程工业节能减排技术探讨:钢铁-化产-电力-建材多联产[J].中国基础科学,2018(4):61-69.

[7] 史翊翔,高峰,蔡宁生.能源互联网背景下的煤炭分布式清洁转化利用[J].煤炭经济研究,2015,35(10):12-16.

[8] 滕吉文,乔勇虎,宋鹏汉.我国煤炭需求、探查潜力与高效利用分析[J].地球物理学报,2016,59(12):4633-4653.

[9] 王同洲,王鸿.多孔碳材料的研究进展[J].中国科学:化学,2019,49(05):729-740.

[10] 张时星.基于环境保护及相关应用的多孔材料合成与性能研究[D].长春:吉林大学,2018.

[11] 袁定胜,胡向春,刘应亮,等.超级电容器用炭材料的研究进展[J].电池,2007(06):466-468.

[12] DE HEER W A,CHATELAIN A,UGARTE D. A carbon nanotube field-emission electron source[J]. Science,1995,270(5239):1179-1180.

[13] 杨艳丽,王新昌,姚宁,等.碳纳米管的制备及其场发射应用研究[J].中国材料科技与设备,2007(1):12-16.

[14] 唐东升,唐成名,刘朝晖,等.碳纳米管的结构、制备、物性和应用[J].邵阳高等专科学校学报,2001,14(2):81-90.

[15] FITZER E,MANOCHA L M. Carbon reinforcements and carbon/carbon composites[M]. Berlin,Heidelberg:Springer Berlin Heidelberg,1998.

[16] 李同起,王俊山.胡子君,等.当今炭素材料的研究热点和发展趋势[J].宇航材料工艺,2006(2):1-7.

[17] ZHONG Y M,CHENG G Y,LEI F Y,et al. Comparative study on the friction and wear behaviors of C/C composites and high-strength graphite at elevated temperature[J]. Tribology,2004,24(3):235-239.

[18] PENG G,WANG H J,JING Z,et al. Preparation of high purity graphite by an alkaline roasting-leaching method[J]. New carbon materials,2010, 48(7):2123-2124.

[19] 钟琦,谢刚,俞小花,等.高纯石墨生产工艺技术的研究[J].炭素技术, 2012,31(4):51-54.

[20] 沈益顺,张红波,吴绍钿.高纯石墨制备的研究进展[J].炭素,2010(2):12-15.

[21] 王启立.石墨多孔介质成孔逾渗机理及渗透率研究[D].徐州:中国矿业大学,2011.

[22] Mandelbrot B B. The fractal geometry of nature[M]. San Francisco:Freeman,1982.

[23] 曼德尔布洛特.分形对象:形、机遇和维数[M].文志英,苏虹,译.北京:世界图书出版公司,1999.

[24] 郁伯铭.多孔介质输运性质的分形分析研究进展[J].力学进展,2003(03): 333-346.

[25] GAO Z Y,HU Q H,LIANG H C. Gas diffusivity in porous media:determination by mercury intrusion porosimetry and correlation to porosity and permeability[J]. Journal of porous media,2013,16(7):607-617.

[26] GÓMEZ-CARRACEDO A,ALVAREZ-LORENZO C,COCA R,et al. Fractal analysis of SEM images and mercury intrusion porosimetry data for the microstructural characterization of microcrystalline cellulose-based pellets[J]. Acta materialia,2009,57(1):295-303.

[27] SALZER M,PRILL T,SPETTL A,et al. Quantitative comparison of segmentation algorithms for FIB-SEM images of porous media[J]. Journal of microscopy,2015,257(1):23-30.

[28] 宋波.多孔介质三维重建及流体动画模拟[D].合肥:中国科学技术大学,2011.

[29] 谢有赞.炭石墨材料工艺[M].长沙:湖南大学出版社,1988.

［30］许斌,潘立慧.炭材料用煤沥青的制备、性能和应用［M］.武汉:湖北科学技术出版社,2002.

［31］童芳森,许斌,李哲浩.炭素材料生产问答［M］.北京:冶金工业出版社,1991.

［32］项起贤.碳-石墨制品的添加剂［J］.新型碳材料,2005,24(5):30-37.

［33］许斌,李铁虎.高性能炭材料生产用煤沥青的研究［J］.武汉科技大学学报(自然科学版),2005,28(2):158-161.

［34］刘锐剑.煤沥青流变性能的评价和分析［D］.武汉:武汉科技大学,2008.

［35］刘顾.炭-石墨非线性渗流规律及浸渍锑实验分析研究［D］.徐州:中国矿业大学,2010.

［36］李俊,于站良,李怀仁,等.浸渍-焙烧工艺对石墨性能影响的研究［J］.炭素技术,2015,34(4):46-49.

［37］周序科,徐红军.高压浸渍金属的物理化学［J］.炭素,1990(3):28-36.

［38］宋永忠,史景利,朗冬生,等.炭/炭复合材料浸渍:炭化工艺的研究［J］.炭素技术,2000(3):18-21.

2 坯料焙烧成孔过程中热质传递初步研究

2.1 煤沥青在焙烧过程中的流变特性

2.1.1 煤沥青分类、组分及作用机理[1-4]

煤沥青全称是煤焦油沥青,是煤焦油蒸馏并提取馏分后的残余物,在常温下为黑色固体,呈玻璃相,无固定熔点,受热后软化继而熔解。煤沥青的品种很多,主要有低温沥青(软化点 30～75 ℃,又称软沥青),中温沥青(软化点 75～95 ℃),高温沥青(软化点 95～120 ℃,又称硬沥青)和改质沥青等几类[1-3]。煤沥青主要用于 3 个方面:一是作为各类炭材料生产制备中的黏结剂和浸渍剂,以中温沥青为主;二是生产针状焦、活性炭和碳纤维等高附加值产品,以高温沥青为主;三是作为防水防腐或建筑的原料,以低温沥青为主。其中第一类应用最为广泛,在炭材料制备工艺中,一般采用中温煤沥青作为黏结剂或浸渍剂。

煤沥青黏结剂的作用机理:在混捏阶段,煤沥青在适当的温度范围内是一种可流动的流体,在混捏过程中呈现良好的流动状态,均匀地覆盖在颗粒的表面,并在吸附和渗透作用下部分渗透到颗粒之间的空隙中去。煤沥青的黏结力将所有颗粒和粉料结合起来,形成糊料,沥青的作用是使糊料具有黏弹性和润滑性,防止骨料颗粒由于挤压发生破碎,利于成型。在焙烧阶段,煤沥青被加热到软化温度以上后呈现为液态,由于温度梯度的作用,煤沥青在坯体内流动,产生一定的质量迁移,随后经过长时间的热缩聚反应,煤沥青热解逸出大量的挥发分,挥发分的逸出通道形成大量的微孔,这些微孔就是浸渍其他物质的通道,但孔隙体积过大会降低焙烧制品的物理性能,如果在焙烧过程中坯料产生过大的体积膨胀或收缩,会形成应力集中,导致焙烧坯体开裂。另一方面,煤沥青炭化为具有黏结性能的沥青焦,将骨料颗粒及粉体牢固结合成一个整体,并赋予焙烧制品较高的机械力学性能和导电导热性能。

煤沥青的组分复杂,是以芳香族为主、结构复杂的多环芳烃化合物的混合体,其分子量的变化范围较广,通常采用溶剂抽提分类的方法将煤沥青组分分类。我国常采用甲苯或苯和喹啉为溶剂将煤沥青分为 4 种组分:① 溶于苯或甲苯的组分称为"γ 树脂";② 不溶于甲苯也不溶于喹啉的组分称为喹啉不溶物(QI),又称"α 树脂";③ 不溶于苯或甲苯但溶于喹啉的组分称为"β 树脂";④ 不溶于甲苯也不溶于苯的组分为 TI 和 BI,通常称为"游离碳"。

2.1.2　煤沥青的流变特性

流体在流动过程中受到剪切力,剪切力(F)与剪切速率($\dfrac{\mathrm{d}u}{\mathrm{d}y}$)(垂直于速度方向上的速度变化梯度)如果满足式(2-1),则称该流体为牛顿流体。

$$F = \eta \frac{\mathrm{d}u}{\mathrm{d}y} \tag{2-1}$$

式(2-1)称为牛顿内摩擦定律方程或牛顿流变方程,η 为流体黏度(Pa・s)。对于牛顿流体,流体的黏度与剪切速率无关,通常低分子流体(如水、硅油)属于牛顿流体。如果流体流动的剪切力与剪切速率不满足上述关系,则称为非牛顿流体。

从流变学的角度分析,在测量牛顿流体黏度时,改变剪切速率不会引起黏度的改变,牛顿流变方程的剪切力 F 与剪切速率 $\mathrm{d}u/\mathrm{d}y$ 的关系表示为一条通过原点的直线,这是牛顿流体区别于非牛顿流体的显著标志。如果流体的流变曲线不具备"直线性"和"通过原点"的特征,则称为非牛顿流体,非牛顿流体的流变方程常写成如下形式:

$$F = \mu D^{c} \tag{2-2}$$

式中,μ 为非牛顿流体的黏性系数;D 为剪切速率;c 为流变指数,表征流体非牛顿性的程度。常见的非牛顿流体有:① 假塑性流体,其流变曲线经过原点,呈凹曲线形,$0 < c < 1$,即随着剪切速率的增加,剪切力增加的程度渐渐减小,沥青乳液、蜡属于此类流体;② 膨润性流体,与假塑性流体相反,$c > 1$,随着剪切速率的增加黏度反向增加,黏土浆、湿沙、淀粉水溶液属于此类流体;③ 宾汉姆流体,在克服屈服值后表现为牛顿黏性流体,其流变方程为 $F = F_0 + \eta_{p1} D$,F_0 为屈服值,η_{p1} 为宾汉姆塑性黏度,其流变曲线由两部分组成,在超过屈服值 F_0 后和牛顿流体一样。

黏度是煤沥青的重要性能参数之一，用来确定糊料混捏时的黏结剂与骨料的相互作用及糊料的塑性，以及焙烧过程中沥青的流动迁移状态。沥青的黏度由沥青的属性及温度所决定，常温下沥青呈玻璃状固体，加热到软化点以上由玻璃态转变成液态，呈现黏性流动状态，黏度随温度的变化而变化，刚过软化点时黏度随温度升高开始下降，以后下降加快，并保持一个较为平稳的水平；当沥青黏度下降到最低点后，继续提高温度，沥青黏度又呈增加趋势，其原因是，沥青在热解挥发后开始缩聚，引起沥青黏度迅速增加。

诸多学者[5-8]对沥青在不同状态下的流变特性进行了深入研究，获得了丰硕成果。研究表明：在常温下煤沥青属于非牛顿流体，在高于软化点温度的条件下，煤沥青表现为宾汉姆流体，随着受热温度逐渐升高，煤沥青逐渐变成牛顿流体，在 200～500 ℃温度范围内，煤沥青具有很好的流变状态，其流变特性近似于牛顿流体，可以按照牛顿流体进行处理。

沥青黏度与温度的关系服从阿雷尼乌斯方程式[4]：

$$\eta = Ae^{E_\eta RT} \tag{2-3}$$

式中，η 为黏度，A 为回归常数，R 为气体常数，T 为绝对温度，E_η 为黏流活化能。E_η 表示一个分子克服周围分子对它的作用力更换（移动）位置所需的能量。E_η 值反映了熔体黏度对温度的依赖性，E_η 值越大，熔体黏度对温度变化越敏感，同时 E_η 值越大熔体黏度也就越大。式（2-3）表明，黏度与温度呈指数关系。

根据黏度随温度的变化（图 2-1），将煤沥青在焙烧过程中的状态分为以下 3 个阶段[4-5]：

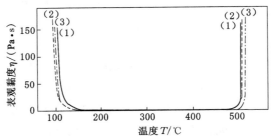

（1）黏结剂沥青（软化点90℃）；（2）浸渍剂沥青（软化点81℃）；
（3）含 QI 的浸渍剂沥青（软化点84℃）

图 2-1 3 种沥青表观黏度随温度的变化趋势

（1）煤沥青熔融软化阶段（室温～200 ℃）。此阶段煤沥青黏度随温度升高急剧下降，黏度曲线呈近似直线垂直变化，在100～200 ℃温度范围内，黏度值相差100～200倍。煤沥青聚合物由玻璃体逐渐转变成液体，熔融软化导致黏度急剧变化。此温度区间对应着黏结剂沥青的熔化、混捏、成型和焙烧前期阶段，对炭材料生产和炭材料性能有着重要影响作用，关系着煤沥青固体炭质物料表面的均匀铺展及润湿、糊料的塑性、成型压制过程、生坯成品率和焙烧前期煤沥青的液态迁移。

（2）煤沥青流体稳态阶段（200～500 ℃）。此阶段煤沥青呈很好的流变性液态状态，其黏度基本保持恒定（100 MPa·s左右）。煤沥青经过熔融状态后，随着温度升高，会发生热解缩聚反应，并进入中间相阶段（400～480 ℃），生成液晶，呈球形状。初看起来随着温度的升高，煤沥青体黏度应上升，但实际上升温速率非常缓慢（25 ℃/h），导致煤沥青分子的热分解和热缩聚反应比较温和，稠环芳烃分子逐渐长大和定向排列，同时这些平面状稠环芳烃分子的平行定向排列有利于降低煤沥青体系的剪切应力，从而整体上保持煤沥青体系的黏度恒定。此温度区间关系着中间相的形成、发展和解体，因而其流变性能决定着中间相沥青的结构组成以及碳纤维和针状焦等炭材（物）料的性能，也是高碳化学领域研究的重点。

（3）煤沥青的固化成焦阶段（500 ℃以后）。此阶段伴随着煤沥青体系黏度的急剧上升。随着温度升高，煤沥青热缩聚反应逐渐占主导地位，温度升至500 ℃左右，煤沥青固化并生成半焦或炭材料，对应着煤沥青的炭化后期过程，前期煤沥青的流变性能会在很大程度上决定煤沥青炭化产物的结构和性能，这也是针状焦成焦和沥青纤维炭化的关键区间。至此，煤沥青的流变特征结束，进入炭结构的转变和碳质微晶的发展阶段，但煤沥青在室温至500 ℃下的流变性能优劣像遗传因子一样影响着随后炭组织结构的发展趋势和石墨化的难易程度。

此外，在焙烧过程中，沥青的如下参数也会发生变化。

（1）密度：沥青的密度与其甲苯不溶物（TI）含量及挥发分含量有密切关系。沥青的密度随其软化点的升高而增加，呈线性变化规律，当加热温度升高时，沥青的密度与软化点仍保持线性关系，此时不同软化点沥青的密度直线彼此平行，但是随着温度升高呈下降趋势，密度在1.25～1.32 g/cm³ 之间变化[6-8]。Boussinesq提出了密度随温度变化的关系式如下：

$$\rho = \rho_0[1 - \beta(T - T_{m2})] \tag{2-4}$$

式中　ρ——温度为T_{m2}时沥青的密度；

ρ_0——温度为 T 时沥青的密度；

β——体系膨胀系数[9]。

（2）线膨胀系数：沥青加热时稍有热膨胀，120～220 ℃温度范围内的线膨胀系数为（2.9～6.5）×10⁻⁴/℃，高温沥青比中温沥青的线膨胀系数小。

（3）导热率和热容量：沥青属于不良导热体，导热率随沥青的软化点升高而升高，同时随加热温度的升高而增加，其值在 0.1～0.2 W/(m·K)范围内。热容量与沥青软化点、加热温度的关系与导热率类似，其值在 1 300～2 000 J/(kg·K)之间。

2.2   多孔介质热质传递研究方法

2.2.1   多孔介质热质传递研究概述

多孔介质包含固体骨架和流体。流体在多孔介质的流动伴随传热传质现象，在自然界中处处可见。比如土壤中水分、营养、污染物的吸收，地下资源（石油、天然气、地下水、瓦斯）的开采，建筑物的相变蓄能，多孔材料制备过程等都伴随能量与物质的转换过程。开展多孔介质传热传质研究对能源的高效利用、改造自然有重要意义。

多孔介质内的传热过程主要包括：① 固体骨架与固体颗粒之间存在或不存在接触热阻时的导热过程；② 流体（液体、气体或两者均有）的导热和对流换热过程；③ 流体与固体颗粒之间的对流换热过程；④ 固体颗粒之间、固体颗粒与空隙中气体之间的辐射过程[10]。

多孔介质中的传质过程包括[11]：① 分子扩散。这是流体分子的无规则随机运动或固体微观粒子的运动引起的质量传递，它与热量传递中的导热机理相对应。② 对流传质。这是流体的宏观运动引起的质量传递，它既包括流体与固体骨架壁面之间的传质，也包括两种不混溶的流体之间的对流传质。

有关多孔介质输运过程的研究最早可以追溯到达西时代，经过一百多年的发展，取得了众多成果。早期理论的主要缺点是模型相对单一，过于简化，而实际多孔介质结构的复杂程度远远超出了建立的几何模型，得到的研究结果与实际现象有较大偏离。另外，鉴于当时的研究水平和测试技术，一些物理化学效应尚未发现，而后来研究发现这些效应对多孔介质的热质传输有重要影响[12-14]。

近几十年来,多孔介质的热质输运问题已经发展成为渗流原理、相变理论、毛细理论、扩散理论、流体力学、传热学、工程热力学等多学科交叉的研究领域,并常常与数值方法相结合,进行理论分析和数值模拟[14-15]。总体来说,目前多孔介质的研究领域主要包括理论研究、实验研究、应用研究、数值模拟等几类[12]。

理论研究主要通过研究多孔介质内部传输机理,在几何模型的基础上,建立数学模型,通过数值方法描述并模拟物理过程。理论研究经历了以 Darcy(达西)定律为标志的初期阶段,以 Philip、De Vries 理论为标志的相对完善阶段,逐渐形成了由等温过程向非等温过程、由单场驱动向多场驱动、由饱和向非饱和、由非耦合向耦合、由单一理论向混合理论、由单学科向相关学科交叉的发展局面。目前的理论研究工作主要分为 Luikov 唯象理论和 Whitaker 体积平均理论两大体系[13-17]。

实验研究主要通过实验手段测量多孔介质热质传递过程中各物性参数和传导系数,来验证理论分析或作为数值研究的基础参数。鉴于多孔介质内部的复杂性,直接通过实验手段测量热质传递过程各相的变化是非常困难的,即便测量物性参数,也存在诸多困难。

应用研究主要研究和解决生产实践或工程实践中的多孔介质热质传递问题,如土壤热量保持、多孔介质蓄热蓄能、地热蓄热等。应用研究通常在理论研究和实验研究的基础上,建立几何模型和数学模型,测量物性参数,借助于数值模拟获得研究结果,应用实验手段进行验证,推动具体生产实践问题的解决[18-20]。

从研究热点看,目前多孔介质热质输运的热点问题是传输过程中的热湿(多场)耦合和非饱和含湿多孔介质内部热质传递。Philip 和 De Vries[16]最早提出多孔介质中热湿耦合传递理论,建立了土壤热质耦合传递的数学模型,将多孔介质处理成连续介质,把含湿量的迁移分为液体的毛细流动和蒸汽的扩散渗透。Luikov[17]提出迁移势(transfer potential)的概念,认为传质不仅取决于传热,还取决于质的再分布,推导的热质耦合方程考虑了总的压力、浓度和湿度梯度、分子迁移以及毛细作用等多种因素对传热传质的影响。Whitaker 和 Bear[21-22]结合经典输运理论、体积平均理论,通过发展平均体积单元的平衡方程,得到了多孔介质中热湿耦合传递的多相运动方程和能量方程。Matsumoto 等[23]考虑了冻融水的作用,提出了含湿多孔材料介质中有冻融现象存在时热湿耦合传递问题的数学模型。杨世铭等[24]基于 Whitaker 的体积平均方程,在不附加任何新的假设的基础上,寻出一组关于液体饱和度、温度和气相压力的新支配方程,应用该方程组对微孔硅酸钙保温制品干燥过程进行了数值分析。

非饱和含湿多孔介质内部热质传递过程是另一个热点问题,由于非饱和多孔介质的热质传递伴有相变,研究起来比饱和多孔介质更加复杂。Quintard 和 Ochao 等[25-26]推导了一组非饱和多孔介质中流体和能量守恒的体积平均方程,提出了多孔介质中热质传递的等效耦合扩散模型,并用此模型对瓷质砖坯体的干燥过程进行了计算机模拟研究。刘伟[12]以 Philip 和 De Vries、Luikov、Whitaker 的研究成果为基础,将对微观输运的描述反映到宏观输运方程中,发展了基于 N-S 方程的"多场-相变-扩散"模型,应用于含湿多孔介质热量与湿分、盐分、氧分等组分耦合的迁移过程研究,获得了一系列计算和实验数据。

我国在多孔介质热值输运领域的研究取得了众多突破,主要有以下几个方面[14-15,27-28]:

(1)多孔介质热湿迁移综合理论得到发展和完善,提出了在毛细管多孔介质等温渗流方面的阈梯度理论,建立了考虑温度梯度下的导热、对流及相变过程的复杂多孔介质热质传递模型。

(2)发展了多孔介质热湿迁移性质的测定方法和技术,如利用动态热线法测试导热系数和导温系数的技术,利用常功率平面热源法测量质扩散系数和热扩散系数的技术,利用电容法测量局部和平均含湿量的技术等。

(3)多孔介质对流传热传质和相变传热传质领域研究取得开创性成果,如在填充多孔介质内的对流换热,微型结构内的流动和传热,饱和多孔颗粒床内的沸腾换热,含湿多孔介质内的相变换热,多孔介质内的冷冻、干燥、脱水过程的热质传递等领域,取得了诸多成果。

(4)高温条件下多孔介质内的流动、扩散、燃烧、化学反应等过程的传热传质研究取得重要成果。

(5)发展了一系列基于多孔介质的工程热物理问题研究方法。读者请参阅王补宣、郁伯铭、施明恒、陈永平、刘伟等[12,14,29-30]研究人员的相关文献。

2.2.2 基于容积平均理论的多孔介质热质传递

在研究多孔介质输运现象时,通常围绕"湿分"来展开,大致分为 3 类(图 2-2)[12]:

(1)孔隙空间充满液体的湿饱和多孔介质。

(2)湿分以液体和蒸汽形式存在于孔隙空间的非饱和多孔介质。非饱和多孔介质有两个显著特征:一是流体在微小的骨架孔隙空间连续流动;二是经常伴随流体的相变。

（3）湿分以纯蒸汽的形式出现于孔隙空间的干饱和多孔介质。

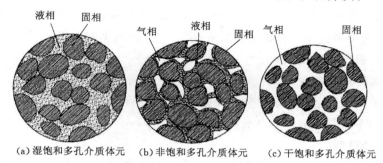

（a）湿饱和多孔介质体元　（b）非饱和多孔介质体元　（c）干饱和多孔介质体元

图 2-2　3 种多孔介质示意图

多孔介质的输运过程通常伴随传热、传质与流动等现象,是一个热-流-固耦合的多物理场。多孔介质的传热传质驱动势主要有:压力梯度、温度梯度、浓度梯度和速度梯度。热量可以通过固体骨架进行传热,也可通过流体的对流和导热进行传递。质量传递主要表现为多孔介质的流动,且伴有相变。

从流体力学角度分析,石墨材料的制备过程包含着多孔介质的输运问题。在石墨生坯焙烧过程中,首先是孔隙空间充满玻璃态沥青流体,加热升温后转变成液体（还未发生流动）,伴随水分蒸发,这个阶段表现出非饱和多孔介质热质传递特征;然后继续加热,水分蒸发完成,沥青在温度梯度的作用下发生液相迁移,这个阶段属于饱和多孔介质的热质传递阶段;当发生热聚反应挥发分开始挥发后,孔隙间被流体、气体共同占据,这个阶段为非饱和多孔介质的热质传递阶段;在缩聚固化阶段,沥青结焦并伴随少量挥发分逸出,仍然为非饱和多孔介质热质传递阶段。

如前所述,长期以来,针对石墨制品焙烧过程的研究多以工艺参数为主,主要研究温度对石墨材料孔隙结构形成的影响以及沥青在焙烧过程中的热解缩聚反应,目前鲜有关于从多孔介质角度研究石墨坯料焙烧过程的论文或其他研究成果,因此,本章试图借鉴前人在研究诸如土壤、岩石、油（气）层等多孔介质中的输运性质的方法和成果,在石墨多孔介质焙烧过程中的输运现象研究方面进行探索。

2.2.3　非饱和多孔介质热质输运模型

非饱和多孔介质的传热传质问题在工程中十分常见,比如地热储能、食品干燥加工、热管换热等都是非饱和多孔介质的热质传输问题。按研究历程和类型划分,非饱和多孔介质的输运模型主要有 3 类:梯度驱动模型、连续介质模型和混合理论模型[12]。

(1) 梯度驱动模型

梯度驱动模型经历了从非耦合场到耦合场、从单物理量场到多物理量场的发展阶段,产生了单场、双场及三场梯度驱动模型。

1) 单场模型

含湿多孔介质中的流体传输机制包括毛细力和压力驱动下的液体传输和扩散、压力驱动下的气相传输等;能量传输机制包括热传导、热对流、蒸发和冷凝相变传热等。众多学者经过大量研究,提出下面几个比较典型的理论:

① 扩散理论:主要针对固体干燥问题提出,Lewis 在对固体干燥过程进行研究后认为,固体的干燥包括两个过程,首先是湿分在固体表面的蒸发过程,然后是湿分从固体内部扩散至固体表面的过程[31];Sherwood 延续了这个观点,并进一步提出,湿含量梯度是湿分扩散的驱动力,符合菲克定律[12,32]。

② 毛细流动理论:Celaglske 研究颗粒状物料干燥过程时,认为其内部的质量传递是由颗粒物内部的毛细流动决定,不是由扩散决定,并建立了毛细管驱动模型,将毛细管势作为湿分迁移的驱动力[18]。

③ 蒸发-冷凝理论:Henry 在研究多孔介质的水分迁移现象时引入了相变理论,他的研究结果表明,只要多孔介质中有温度梯度存在,就产生相应的蒸汽压力梯度,水分以蒸汽扩散的形式发生质量迁移,温度梯度是发生迁移的驱动力[18,33]。

2) 双场模型

Philip 和 De Vries 提出以温度梯度和湿分梯度为推动势的双场耦合理论模型,他们通过对土壤中的湿分传输进行研究,提出了湿分传输同时存在气相和液相两种状态的观点,而温度梯度和湿分梯度是驱动这两相流体的运动驱动力[12,34]。其中,液相质量流率符合非饱和达西定律,蒸汽质量流率满足 Stefan 扩散定律。双场驱动模型比扩散模型精确,但是部分物性参数很难直接获得,增加了求解难度。

3）三场模型

Luikov 将不可逆热力学方法引入多孔介质热湿迁移，建立了关于温度 T，湿分 θ，压力 P 的三场梯度驱动模型[12,35]：

$$\begin{cases} \dfrac{\partial T}{\partial \tau} = K_{11}\, \nabla^2 T + K_{12}\, \nabla^2 \theta + K_{13}\, \nabla^2 P \\[2mm] \dfrac{\partial \theta}{\partial \tau} = K_{21}\, \nabla^2 T + K_{22}\, \nabla^2 \theta + K_{23}\, \nabla^2 P \\[2mm] \dfrac{\partial P}{\partial \tau} = K_{31}\, \nabla^2 T + K_{32}\, \nabla^2 \theta + K_{33}\, \nabla^2 P \end{cases} \qquad (2\text{-}5)$$

式中，τ 表示时间。

上述模型具有对称、直观、理论性强的特点，考虑多种内部因素，可以针对具体的实际问题进行简化。但是也有明显的缺陷，比如，所有的表达式都是唯象关系式，方程中各个参数的物理意义不是十分明确，而且要得到 9 个唯象系数十分困难，该模型没有反映气体的扩散传输和液体的对流传输机制，因此，该模型并没有被广泛应用。

（2）连续介质模型[12]

连续介质模型主要以连续介质理论为基础，包括 3 个基本定律，即质量、动量和能量守恒定律。连续介质模型主要有达西模型和 Whitaker 模型两种。

1）达西模型

在连续模型中，动量方程是模型的核心，直接反映并控制湿分的能动及迁移特性。许多学者从饱和达西定律出发，将其应用于非饱和情况，通过对达西定律进行非饱和系数修正，或者加入一些诸如惯性力、黏性阻力项，这样得到的方程称为达西运动方程。

2）Whitaker 模型

Whitaker、Slattery 在非饱和多孔介质渗流方面做了大量研究，他们提出的多相系统输运理论为应用连续介质力学方法建立基本守恒方程奠定了基础，将连续介质理论由单相系统推广到多相系统，其基本方法就是从多孔介质内的各相（固相、液相、气相）的质量和能量守恒入手，对不同相采用容积平均法，得到一系列控制方程。

Whitaker 模型的主要假设有：局部热平衡；达西定律有效；气相传输的主要机制为菲克扩散和渗流作用；液相传输的主要机制为毛细流动；多孔固体骨架为刚性。其方程的形式如下：

$$\begin{cases} (\rho c_p)_{\text{eff}} \dfrac{\partial T}{\partial \tau} + (\rho_1 c_{pl} V_1 + \rho_g c_{p,g} V_g) \nabla T = \nabla \cdot (\lambda_{\text{eff}} \nabla T) + \dot{Q} + \gamma \dot{m} \\[2mm] \dfrac{\partial}{\partial \tau}(\varepsilon_g \rho_V) + \nabla(\rho_V V_g) = \nabla[\rho_g D_{\text{eff,g}} \nabla(\dfrac{\rho_V}{\rho_g})] + \dot{m} \\[2mm] \dfrac{\partial}{\partial \tau}(\varepsilon_a \rho_a) + \nabla(\rho_a V_g) = \nabla[\rho_g D_{\text{eff,g}} \nabla(\dfrac{\rho_a}{\rho_g})] \\[2mm] \dfrac{\partial}{\partial \tau}(\varepsilon_1 \rho_1) + \nabla(\rho_1 V_g) = -\dot{m} \end{cases} \quad (2\text{-}6)$$

式中,λ_{eff} 为多孔介质有效导热系数,$D_{\text{eff,g}}$ 为气相有效扩散系数。该模型的优点是:建模的假设清楚,方程中各项的物理意义明确,物性参数定义准确。不足之处是对过程中各种力的平衡关系未作全面描述。

（3）混合理论模型

混合理论模型则将梯度驱动模型和连续介质模型结合起来,对非饱和多孔介质各种微观和宏观输运机制进行描述。Ilic 在对含湿非饱和以及干饱和两个区域的多孔介质问题的研究中将 Luikov 和 Whitaker 模型融为一体,说明了两个模型在理论"源头"上的一致性[13]。

Whitaker、Slattery 创立的体积平均法已经成为从微观方程推导多孔介质流动与传热的宏观控制方程的基础,采用体积平均法[12-13]推导宏观方程可使数学描述更加严谨,并已得到成功应用。

2.3　炭/石墨坯料焙烧过程的热质传递初步研究

2.3.1　多孔介质在沥青软化阶段的热质传递

焙烧液相阶段,沥青吸热,由玻璃态逐渐转变成液态,此时沥青黏度很高,尚未流动,没有液相迁移,但该过程伴随沥青中水分蒸发,因此,这个阶段多孔介质的组成为骨料、液态沥青、少量水蒸气,伴随相变的非饱和多孔介质传热传质过程。

沥青在焙烧初期由玻璃态转变为液态,体积增加,不发生流动,沥青中少量水分以蒸汽形式逸出,多孔介质孔隙由液态沥青和水蒸气共同占据（图 2-3）,作如下假设[12,36]：

① 多孔介质均匀,各向同性,各相连续；

② 压型后生坯致密程度高,空隙忽略不计,即生坯中无空气；

③ 液相沥青无流动,无化学反应;

④ 气-液-固处于局部热力学平衡,各相导热系数为常数;

⑤ 沥青密度符合 Boussinesq 假设,即只与温度有关;

⑥ 各物理量中,下标 s、l、g、v 分别表示固相、液相、气体、蒸汽。

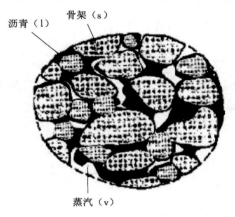

图 2-3　石墨多孔介质体元示意图

(1) 连续性方程

假设表征体元的面积为 A,则单位时间内通过控制体的液体、蒸汽可表示为:

$$\int_A \langle \rho_l \rangle^l \varepsilon_l \langle V_l \rangle^l \cdot n dA; \int_A \langle \rho_v \rangle^v \varepsilon_v \langle V_v \rangle^v \cdot n dA \tag{2-7}$$

单位时间内流体质量随时间的变化率为:

$$\frac{\partial}{\partial \tau} \int_V \langle \rho_l \rangle dV = \int_V \frac{\partial (\langle \rho_l \rangle^l \varepsilon_l)}{\partial \tau} dV \tag{2-8}$$

同理可得气体质量随时间的变化率分别为:

$$\int_V \frac{\partial (\langle \rho_v \rangle^v \varepsilon_v)}{\partial \tau} dV \tag{2-9}$$

假设沥青中水分的蒸发率为 $\dot{m}$,则在控制体内由于蒸发使得液体的减少量为 $\int_V \dot{m} dV$,气体生成量为 $\int_V \dot{m} dV$。

根据质量守恒定律,单位时间内通过控制面 A 流入和流出的液体质量总和加上在同一时间内流体质量的变化量,等于该控制体内单位时间流体由于相变等所造成的质量变化量[18],故对液相有:

$$\frac{\partial}{\partial \tau} \int_V \langle \rho_1 \rangle^1 \varepsilon_1 \mathrm{d}V + \int_A \langle \rho_1 \rangle^1 \varepsilon_1 \langle V_1 \rangle^1 \cdot n \mathrm{d}A = \int_V - \dot{m} \mathrm{d}V \qquad (2\text{-}10)$$

由高斯定理整理可写成：

$$\int_V \frac{\partial}{\partial \tau} \langle \rho_1 \rangle^1 \varepsilon_1 \mathrm{d}V + \int_V \nabla \cdot \langle \rho_1 \rangle^1 \varepsilon_1 \langle V_1 \rangle^1 \mathrm{d}V = \int_V - \dot{m} \mathrm{d}V \qquad (2\text{-}11)$$

由于表征体元是任意的，因此：

$$\frac{\partial}{\partial \tau} (\langle \rho_1 \rangle^1 \varepsilon_1) + \nabla \cdot \langle \rho_1 \rangle^1 \varepsilon_1 \langle V_1 \rangle^1 = - \dot{m} \qquad (2\text{-}12)$$

对于液相，根据假设条件，沥青未发生迁移流动，只是体积膨胀，故 $V_1 = 0$，另外，多孔介质通过实验测得的温度、压力、密度等值都是其固有相平均值，上式可写为：

$$\frac{\partial (\langle \rho_1 \rangle^1 \varepsilon_1)}{\partial \tau} = - \dot{m} \qquad (2\text{-}13)$$

对于气相，同理可得：

$$\frac{\partial (\langle \rho_v \rangle^v \varepsilon_v)}{\partial \tau} + \nabla \cdot (\rho_v \varepsilon_v V_v) = \dot{m} \qquad (2\text{-}14)$$

由于压型后石墨生坯致密程度高，因此，可忽略其中的空隙，认为无空气。气相为水蒸气，蒸汽的运动除了蒸汽本身的渗流以外，还需要考虑由于温度梯度造成密度变化所引起的扩散现象。因此，蒸汽相的运动速度包括渗流速度和扩散速度两部分，即：

$$\boldsymbol{V}_v = \boldsymbol{V}_{v,k} + \boldsymbol{V}_{v,d} \qquad (2\text{-}15)$$

代入式(2-14)可得：

$$\frac{\partial (\langle \rho_v \rangle^v \varepsilon_v)}{\partial \tau} + \nabla \cdot \left[\rho_v \varepsilon_v (\boldsymbol{V}_{v,k} + \boldsymbol{V}_{v,d}) \right] = \dot{m} \qquad (2\text{-}16)$$

其中，ρ、ε 分别为(液相和蒸汽)的密度、体积含量；$\boldsymbol{V}_{v,k}$ 为蒸汽相的渗流速度(矢量)，$\boldsymbol{V}_{v,d}$ 为蒸汽相的扩散速度(矢量)。

（2）动量方程

由于在焙烧初期，液态沥青未发生流动，因此，只考虑蒸汽相的动量方程。

蒸汽相在微元控制体内作单相流动的质点方程为[18]：

$$\frac{\partial (\rho_v \boldsymbol{V}_v)}{\partial \tau} + \rho_v (\boldsymbol{V}_v \cdot \nabla) \boldsymbol{V}_v + \nabla \boldsymbol{P}_v - \nabla \cdot \boldsymbol{\tau}_v - \rho_v \boldsymbol{f} = 0 \qquad (2\text{-}17)$$

其中，$\boldsymbol{P}_v$、$\boldsymbol{\tau}_v$、$\boldsymbol{f}$ 分别为压力、黏性应力张量和体积力。

忽略水蒸气密度在预热阶段随温度的变化，则 ρ_v 为常数，简化上式得：

$$\frac{\partial (\boldsymbol{V}_v)}{\partial \tau} + (\boldsymbol{V}_v \cdot \nabla) \boldsymbol{V}_v + \frac{\nabla \boldsymbol{P}_v}{\rho_v} - \frac{\nabla \cdot \boldsymbol{\tau}_v}{\rho_v} - \boldsymbol{f} = 0 \tag{2-18}$$

这里由于液膜包覆固体颗粒,可假设蒸汽相在液相所包围的孔隙空间内作饱和流动,则利用体积平均法推导出气相动量方程为:

$$\left[\varepsilon_v \langle \rho_v \rangle^g \frac{\partial (\boldsymbol{V}_v)}{\partial \tau} + \varepsilon_v \langle \rho_v \rangle^v (\langle \boldsymbol{V}_v \rangle^v \cdot \nabla) \langle \boldsymbol{V}_v \rangle^v \right] + \langle \dot{m} \rangle \langle \boldsymbol{V}_v \rangle^v =$$

$$- \varepsilon_v \nabla \langle \boldsymbol{P}_v \rangle^v - \boldsymbol{\varepsilon}_g \langle \rho_v \rangle^v g + \mu_v \nabla^2 \langle \boldsymbol{V}_v \rangle - \frac{\mu_v \varepsilon_v}{k_v} \langle \boldsymbol{V}_v \rangle \tag{2-19}$$

忽略水分蒸发扩散的影响,按照前述方法简化上式为:

$$\left[\frac{\partial (\boldsymbol{V}_v)}{\partial \tau} + (\boldsymbol{V}_v \cdot \nabla) \boldsymbol{V}_v \right] + \frac{\dot{m} \boldsymbol{V}_v}{\varepsilon_g \rho_v} = - \frac{\nabla \boldsymbol{P}_v}{\rho_v} - g + \frac{\mu_v \nabla^2 \boldsymbol{V}}{\varepsilon_g \rho_v} - \frac{\mu_v \boldsymbol{V}_v}{k_v \rho_v} \tag{2-20}$$

(3)能量方程

忽略黏性耗散及热辐射,表征体元 V 内三相的质点能量微分方程为:

$$\begin{cases} (\rho c)_s \dfrac{\partial T_s}{\partial \tau} = \lambda_s \nabla^2 T_s + \dot{S}_s \\[2mm] (\rho c)_l \left(\dfrac{\partial T_l}{\partial \tau} + V_l \cdot \nabla T_l \right) = \lambda_l \nabla^2 T_l + \dot{S}_l \\[2mm] (\rho c)_g \left(\dfrac{\partial T_g}{\partial \tau} + V_g \cdot \nabla T_g \right) = \lambda_g \nabla^2 T_g + \nabla \cdot \sum_i \rho_{ig} H_{ig} V_{ig} + \dot{S}_g \end{cases} \tag{2-21}$$

式中,H 表示物质的焓,S 为源项。前已假设,石墨坯料孔隙中无空气,气体为蒸汽,故上式中用 $(\rho c)_v$ 代替 $(\rho c)_g$,$V_g \sum_i \rho_{ig} H_{ig} V_{ig} = \rho_v H_v V_v$。

假设三相处于局部热力学平衡,将三相的控制方程在体元上进行体积平均化处理,并将三相的能量方程相加,忽略非饱和多孔介质中的热弥散,得到能量输运方程为:

$$\left[\varepsilon_s (\rho c)_s + \varepsilon_l (\rho c)_l + \varepsilon_v \langle \rho_v \rangle^v c_v \right] \frac{\partial T}{\partial \tau} +$$

$$(\rho c)_l \langle V_l \rangle \cdot \nabla \langle \varepsilon_l T \rangle + (\langle \rho_v \rangle^v c_v) \langle V_v \rangle \cdot \nabla \langle \varepsilon_v T \rangle + \gamma \langle \dot{m} \rangle$$

$$= \nabla \cdot \left[\nabla (\lambda_s \varepsilon_s + \lambda_l \varepsilon_l + \lambda_v \varepsilon_v) T \right] + \langle \dot{S} \rangle \tag{2-22}$$

令 $\lambda_{eff} = \lambda_s \varepsilon_s + \lambda_l \varepsilon_l + \lambda_v \varepsilon_v$,将上式简化为:

$$\left[\varepsilon_s (\rho c)_s + \varepsilon_l (\rho c)_l + \varepsilon_v \rho_v c_v \right] \frac{\partial T}{\partial \tau} + (\rho c)_l V_l \cdot \nabla (\varepsilon_l T) +$$

$$(\rho_v c_v) V_v \cdot \nabla (\varepsilon_v T) + \gamma \dot{m} = \nabla \cdot (\nabla \lambda_{eff} T) + \dot{S} \tag{2-23}$$

上式中，γ 为汽化潜热。

2.3.2 多孔介质在液相迁移阶段的热质传递

沥青在变成液体后，此时的沥青流变特性表现为近似牛顿流体，由于沥青吸热体积膨胀变大，多孔介质中固体骨架颗粒之间的孔隙完全被液相沥青所占据（水分蒸发在此时已完成，此处考虑孔隙中无水分），此时无热解反应产生的挥发性气体，沥青在温度梯度作用下开始液相迁移，可以按照饱和多孔介质来研究其流动和传输方程。作如下假设：

① 多孔介质各向同性，孔隙率为常数，孔隙中无气体；

② 不考虑辐射传热及黏度耗散传热；

③ 不考虑压力变化做功，固体骨架不变形；

④ 由于温升速度慢，满足局部热平衡假设，即固相温度和液相温度相等。

（1）连续性方程

根据表征体元的概念，结合体积平均法，得到多孔介质的宏观质量方程，可表示为：

$$\frac{\partial(\varphi\rho)}{\partial\gamma} + \nabla \cdot (\rho V) = 0 \tag{2-24}$$

式中，φ 为多孔介质孔隙率，ρ 为流体密度，V 为流体的表观速度，γ 表示时间。对于沥青的液相迁移过程，固相的 $V = 0$，只考虑液相，另外假设多孔介质孔隙率 φ 为常数，则上式为：

$$\varphi\frac{\partial(\rho_1)}{\partial\tau} + \nabla \cdot (\rho_1 V_1) = 0 \tag{2-25}$$

（2）运动方程

达西定律为研究饱和多孔介质的流动奠定基础，得到了广泛应用，其表达式为：

$$j_f = -\frac{k}{\mu}[\nabla p + \rho g] \tag{2-26}$$

式中，j_f 为流体的传输通量，实际即为流体在多孔介质中的宏观流动速度；μ 为黏度；k 为多孔介质的渗透率；∇p 为多孔介质的压力降；g 为重力加速度。

对多孔介质各种复杂流体流动的研究发现，达西定律有很大的局限性，因此必须对达西定律进行修正，以满足复杂流动的需要，比较常见的修正方案有以下几种。

① 考虑加速度和惯性效应的修正达西定律

Wooding 将达西定律与 N-S 方程进行类比,提出了考虑惯性和加速度的修正方程如下[12]:

$$\rho\left[\varphi^{-1}\frac{\partial V}{\partial \tau}+\varphi^{-2}(V \cdot \nabla V)\right]=-\nabla p-\frac{\mu}{k}V \qquad (2\text{-}27)$$

式中各变量含义同式(2-24)~式(2-26)。

Nidel[37]指出对于大孔隙率的多孔介质,加入惯性项$(V \cdot \nabla V)$是合理的,可以表示出流体流动的非线性阻力。

② Darcy-Forchheimer 修正

Forchheimer 在实验中发现,当流动速度达到一定程度时,达西定律不再适用,需要进行修正,在流动阻力项加入一个平方项,有:

$$\nabla p =-\frac{\mu}{k}V+C_F k^{-\frac{1}{2}}\rho\,|V|V \qquad (2\text{-}28)$$

式中,C_F 为无量纲阻力系数;其余变量含义同前。上式即 Darcy-Forchheimer 方程[38]。

Pascal[39]指出,在低雷诺数流动时,压力梯度主要用来克服黏性阻力,所以达西定律适用,而当流动速度增加到一定程度时,流动中的惯性力作用增强,压力梯度除了要克服黏性阻力以外,还要用于克服惯性力,而流动中的惯性力与$|V|V$ 成正比,因此,流动速度越大惯性力影响越明显,这时压力梯度和时间的关系可用 Darcy-Forchheimer 方程描述。

③ Darcy-Brinkman 修正

Brinkman[38]给出了对达西定律的如下修正形式:

$$\nabla p =-\frac{\mu}{k}V+\mu_m \nabla^2 V \qquad (2\text{-}29)$$

式中,μ_m 为有效黏性系数;$\mu_m \nabla^2 V$ 项可以和 N-S 方程中的拉普拉斯项类比;其余变量含义同前。研究表明,该方程对于高孔隙率的多孔介质比较适用[18]。

④ Darcy-Brinkman-Forchheimer 方程

Vafai 等[40]将多孔介质中流体满足 N-S 方程的微观流动在单元体(REV,representative elementary volume)上进行平均后,得到 Brinkman-Forchheimer 方程如下:

$$\rho\left[\varphi^{-1}\frac{\partial V}{\partial \tau}+\varphi^{-1}\nabla\left(\frac{V \cdot V}{\varphi}\right)\right]=-\frac{1}{\varphi}\nabla(\varphi\rho)+\frac{\mu}{\varphi\rho}\nabla^2 V-\frac{\mu}{k}V-\frac{1}{\sqrt{k}}C_F\rho\,|V|V$$

$$(2\text{-}30)$$

式中,C_F 为惯性系数;β 为热膨胀系数;其余变量含义同前。

如果 $\mu_m = \dfrac{\mu}{\varphi\rho}$，该式就是前几式的组合，它是考虑了加速度、惯性效应、Brinkman 修正和 Forchheimer 修正的达西定律。

实际应用中，由于沥青的液相迁移速度很低，可以忽略 Forchheimer 修正中的惯性项，另外，由于温度梯度作为主要驱动势，因此，还要考虑到热扩散的影响，因此，在 Darcy-Brinkman-Forchheimer 方程中忽略惯性项，加入热扩散相，得到沥青液相迁移的动量守恒方程为：

$$\rho_1\left[\varphi^{-1}\frac{\partial V}{\partial \tau} + \varphi^{-1}\,\nabla\left(\frac{V\cdot V}{\varphi}\right)\right] = -\frac{1}{\varphi}\,\nabla(\varphi\rho_1) + \frac{\mu}{\varphi\rho_1}\,\nabla^2 V - \frac{\mu}{k}V - \rho_1 g\beta(T - T_0)$$

(2-31)

式中变量含义同式(2-30)。

（3）能量方程

在前述假设条件下，利用平均容积法，建立能量守恒的关系式。

对固相有：

$$(1-\varphi)\,(\rho c)_s\frac{\partial T_s}{\partial \tau} = (1-\varphi)\lambda_s(\nabla^2 T_s) + (1-\varphi)q_s$$ (2-32)

对流体相有：

$$\varphi\,(\rho c_p)_f\frac{\partial T_f}{\partial \tau} + (\rho c_p)_f V\cdot\nabla T_f = \varphi\lambda_f(\nabla^2 T_f) + \varphi q_f$$ (2-33)

式中，下标 s 和 f 分别表示骨架（固相）和液态沥青（流体相）；c 为骨架（固相）的比热；c_p 为沥青（流体）的定压比热；λ 为导热系数；q 为内热源强度（所产生的单位体积的热量）；T 为温度。

在方程(2-32)中，方程等号左边为导热的非稳态项，右边的两项分别为热扩散项和源项，考虑到流体和固体占据空间在体元空间中的比例，固体的能量方程中各项都乘以$(1-\varphi)$，流体的能量方程中各项都乘以 φ。由于流体因渗流作用而具有渗流速度，所以在能量方程中应包括对流项 $V\cdot\nabla T_f$，表示由于流体的对流流动而传递的热量。

令多孔介质的有效热容$(\rho c)_{eff}$，有效导热系数 λ_{eff}，有效内热源强度 q_{eff} 如下所示：

$$\begin{cases} (\rho c)_{eff} = (1-\varphi)(\rho c_s)_s + \varphi(\rho c_p)_f \\ \lambda_{eff} = (1-\varphi)\lambda_s + \varphi\lambda_f \\ q_{eff} = (1-\varphi)q_s + \varphi q_f \end{cases}$$ (2-34)

则有：

$$(\rho c)_{\mathrm{eff}} \frac{\partial T}{\partial \tau} + (\rho c_p)_{\mathrm{f}} V \cdot \nabla T_{\mathrm{f}} = \lambda_{\mathrm{eff}}(\nabla^2 T) + q_{\mathrm{eff}} \qquad (2\text{-}35)$$

式(2-32)～式(2-35)即为饱和多孔介质能量守恒方程。

2.3.3　多孔介质在热解挥发阶段的热质传递

沥青在热解阶段挥发出大量的低分子碳氢化合物(以氢和甲烷为主的烃类物质)，这些挥发分占据了多孔介质的部分孔隙，此时多孔介质的孔隙空间为液-气共存，为典型的非饱和多孔介质，可应用非饱和多孔介质相关理论对该过程的热质传递问题进行研究。

与前述焙烧预热阶段的热质传输过程相比，两者的共同点是都属于非饱和多孔介质热质传递；不同点是前者的气相为水蒸气，后者的气相为混合性气体挥发物，并且后者发生了化学反应。由于沥青的热解反应异常复杂，挥发分成分复杂，因此，必须进行大量简化，这样才能进行热质传递分析。假设条件为：

① 多孔介质均匀，各向同性，各相连续；

② 沥青在此反应阶段无固相产物，热解反应形成的沥青焦此时尚未进行固化，考虑为液态，气相产物为挥发分气体的混合物，用挥发分平均物性参数作为气体的物性参数；

③ 孔隙中无蒸汽，沥青中的少量水分在预热时已经挥发完毕，液态沥青在热解阶段位置不发生变化，即不考虑其流动；

④ 气-液-固处于局部热力学平衡；

⑤ 流体密度符合 Boussinesq 假设。

(1) 连续性方程

按照前述推导，对液相的连续性方程为：

$$\frac{\partial}{\partial \tau}(\langle \rho_1 \rangle^1 \varepsilon_1) + \nabla \cdot \langle \rho_1 \rangle^1 \varepsilon_1 \langle V_1 \rangle^1 = -\dot{m} \qquad (2\text{-}36)$$

考虑沥青在热解过程中没有发生流动，因此假设 $V_1 = 0$，上式可写为：

$$\frac{\partial}{\partial \tau}(\rho_1 \varepsilon_1) = -\dot{m} \qquad (2\text{-}37)$$

式中，$\dot{m}$ 为热解反应中沥青含量减少的速率，也就是挥发分生成的速率。上式可以理解为，热解反应造成沥青密度和体积含量对时间的变化率，等于沥青含量减少的速率。

同理可得气相(挥发分)的连续性方程为：

$$\frac{\partial(\rho_g \varepsilon_g)}{\partial \tau} + \nabla \cdot (\rho_g \varepsilon_g V_g) = \dot{m} \tag{2-38}$$

如果考虑气相（挥发分）的流动速度和扩散速度，则气相速度为：

$$V_g = V_{g,k} + V_{g,d} \tag{2-39}$$

式中，$V_{g,k}$ 为挥发分的渗流速度；$V_{g,d}$ 为扩散速度，扩散速度表达式为：

$$V_{g,d} = -D_T \nabla T \tag{2-40}$$

式中，D_T 为由于温度梯度而引起的扩散系数。

（2）动量方程

类比前述推导焙烧预热阶段动量方程的结果，写出热解阶段气相动量方程为[12]：

$$\left[\varepsilon_g \langle \rho_g \rangle^g \frac{\partial(V_g)}{\partial \tau} + \varepsilon_g \langle \rho_g \rangle^g (\langle V_g \rangle^g \cdot \nabla) \langle V_g \rangle^g \right] + \dot{m} \langle V_g \rangle^g =$$

$$-\varepsilon_g \nabla \langle P_g \rangle^g - \varepsilon_g \langle \rho_g \rangle^g g + \mu_g \nabla^2 \langle V_g \rangle - \frac{\mu_g \varepsilon_g}{k_g} [\langle V_g \rangle - \langle V_l \rangle] \tag{2-41}$$

对于热解过程，认为液态沥青不发生流动，即 $V_l = 0$，将上式简写为：

$$\left[\varepsilon_g \rho_g \frac{\partial(V_g)}{\partial \tau} + \varepsilon_g \rho_g (V_g \cdot \nabla) V_g \right] + \dot{m} V_g = -\varepsilon_g \nabla P - \varepsilon_g \rho_g g + \mu_g \nabla^2 V_g - \frac{\mu_g \varepsilon_g V_g}{k_g}$$

$$\tag{2-42}$$

写成 Whitaker 方程形式为：

$$\frac{\partial V_g}{\partial \tau} + (V_g \cdot \nabla) V_g + \frac{\dot{m}}{\varepsilon_g \rho_g} V_g = -\frac{\nabla P}{\rho_g} - g + \frac{\mu_g}{\varepsilon_g \rho_g} \nabla^2 V_g - \frac{\mu_g V_g}{k_g \rho_g} \tag{2-43}$$

与预热阶段动量方程比较，方程形式十分相似，只是将气相参数由预热阶段的水蒸气变为热解阶段的混合气体。另外，研究发现，沥青在热解阶段的气相挥发速度很快，因此，动量方程中忽略了气体扩散的影响，如果需要考虑，则用 $V_{g,k} + V_{g,d}$ 代替气相流动速度 V_g。

（3）能量方程

利用 Whitaker 方程组的非饱和多孔介质能量方程，将焙烧预热阶段中的蒸汽相由气相代替，并考虑到化学反应过程中的热量交换，可得热解阶段的能量守恒方程为：

$$\left[\varepsilon_s (\rho c)_s + \varepsilon_l (\rho c)_l + \varepsilon_g \langle \rho_g \rangle^g c_g \right] \frac{\partial T}{\partial \tau} + (\rho c)_l \langle V_l \rangle \cdot \nabla \langle \varepsilon_l T \rangle +$$

$$(\langle \rho_g \rangle^g c_g) \langle V_g \rangle \cdot \nabla \langle \varepsilon_g T \rangle$$

$$= \nabla \cdot [\nabla (\lambda_s \varepsilon_s + \lambda_l \varepsilon_l + \lambda_g \varepsilon_g) T] + \langle \dot{S} \rangle + \langle \dot{Q} \rangle \tag{2-44}$$

令 $\lambda_{\mathrm{eff}} = \lambda_s \varepsilon_s + \lambda_1 \varepsilon_1 + \lambda_g \varepsilon_g$，将上式简化为：

$$\left[\varepsilon_s (\rho c)_s + \varepsilon_1 (\rho c)_1 + \varepsilon_v (\rho c)_v\right]\frac{\partial T}{\partial \tau} + (\rho c)_1 V_1 \cdot \nabla(\varepsilon_1 T) + (\rho_v c_v) V_v \cdot \nabla(\varepsilon_v T) =$$

$$\nabla \cdot (\nabla \lambda_{\mathrm{eff}} T) + \dot{S} + \dot{Q} \tag{2-45}$$

上式中，S 为源相，Q 为热解反应产生的热量。

2.3.4　各物性参数的确定

前述石墨坯料焙烧各阶段的热质输运方程中，涉及的物理量主要有密度、渗透率、导热系数、扩散系数等，现就各物性参数的确定进行简要阐述。

（1）密度

前述分析中涉及的密度主要包括沥青密度、水蒸气密度以及挥发分密度。沥青的密度满足 Boussinesq 假设，即其密度只随温度的变化而变化，一般为 $1.2 \sim 1.35\ \mathrm{g/cm^3}$。水蒸气的密度可查阅相关资料。挥发分的密度确定比较困难，研究表明，沥青热解的挥发分含有大量烃类化合物，沥青成分不同，其挥发分组分也不同，因此，测量其密度较为困难。本书中，将挥发分简化为一种，其物性参数为平均物性参数，需要通过实验测定挥发分的平均密度。

（2）导热系数

石墨坯料焙烧过程中，无论是饱和多孔介质的热质传递，还是非饱和多孔介质的热质传递，其导热系数都是十分重要的参数。前述定义的有效导热系数为假定热流传递方向平行于孔隙，也就是流体与固体之间没有考虑热量交换。实际过程往往比上述情况复杂，在实际应用中更多的是通过实验方法测量多孔介质的有效导热系数。对于石墨多孔介质而言，骨架的导热系数 λ_s 范围为 $0.75 \sim 1.335\ \mathrm{W/(m \cdot K)}$，沥青导热系数 λ_1 范围为 $0.1 \sim 0.2\ \mathrm{W/(m \cdot K)}$，挥发分气体的导热系数 λ_g 尚需要实验测定。

（3）渗透率

对于非饱和多孔介质而言，方程中渗透率是指各相的有效渗透率，而不是多孔介质的固有渗透率，有效渗透率（k_L，k_g）和固有渗透率（k）之间满足如下关系：

$$k_1 = k \cdot k_{rl} \quad k_g = k \cdot k_{rg} \tag{2-46}$$

式中，k_{rl} 为液相相对渗透系数，k_{rg} 为气相相对渗透系数。

相对渗透系数是由孔隙结构参数和与流体有关的其他外部条件（密度、黏度、饱和度等）共同决定的。求解多孔介质的相对渗透系数是一个复杂的过程，

Wyllie 曾提出相对渗透系数的研究方法，Turner 提出了对于砖块适用的气相和液相的相对渗透系数表达式[12]。对石墨多孔介质而言，其固有渗透率可以通过相关方法进行测量，相对渗透系数的确定需要进一步深入研究。

（4）扩散系数

扩散系数是多孔介质热质传递研究中重要而又十分难以确定的参数。流体的扩散系数与流体性质、温度、压力和黏度等参数有关，对气体而言，扩散系数还与分子运动速度有关。近年来，一些研究人员在不同的假设和测试条件下对含湿多孔介质的扩散系数的测定进行了研究，取得了一些成果。但石墨多孔介质中热质传递过程与普通热质传递过程最大的区别在于其高温环境，因此，沥青软化阶段的水蒸气扩散和热解阶段的挥发性气体扩散对热质传递的影响以及相关参数的测定有一定难度，仍需继续研究。

对于前述各偏微分方程中涉及的物性参数，各相体积含量、骨架及沥青的密度、导热系数、比热容、有效导热系数、黏度都比较容易获得，而挥发分的扩散系数、导热率及多孔介质中的液相和气相有效渗透系数则需要进一步深入研究，采用合理的方法获得。由于石墨坯料的焙烧过程一般在密闭、高温环境下进行，相关参数的实验测量难度较大，因此，目前鲜有公开的相关实验结果或研究成果，这也是导致开展相关数值模拟研究存在较大困难的重要原因之一。

参考文献

[1] 许斌,潘立慧.炭材料用煤沥青的制备、性能和应用[M].武汉:湖北科学技术出版社,2002.

[2] 潘立慧,方庆舟,许斌.黏结剂用煤沥青的发展状况[J].炭素,2001(3):33-42.

[3] 刘锐剑.煤沥青流变性能的评价和分析[D].武汉:武汉科技大学,2008.

[4] 许斌,古立虎,欧阳春发.炭材料生产用煤沥青的流变性能[J].炭素,2004(1):3-11.

[5] MIYAJIMA N, AKATSU T, ITO O, et al. The rheological behavior during carbonization of iodine-treated coal tar pitch[J]. Carbon, 2001, 39(5): 647-653.

[6] MENDEZ, FLEUROT, BLANCO, et al. Chemical and rheological characterization of air-blown coal-tar pitches[J]. Carbon, 1998, 36(7-8): 973-979.

［7］巩前明,黄启忠,张福勤,等.炭/炭复合材料浸渍用沥青的性能分析[J].中南工业大学学报(自然科学版),2000,31(6):536-539.

［8］LAUQUE P,CARCHANO H,JACOLIN C,et al. Influence of chemical changes of the isotropic matrix on physical properties of mesophase pitch [J]. Fuel,1996,75(1):67-70.

［9］宋永忠,史景利,翟更太,等.沥青浸渍过程的数学模拟[J].新型炭材料,2000,15(4):21-26.

［10］林瑞泰.多孔介质传热传质引论[M].北京:科学出版社,1995.

［11］胡玉坤,丁静.多孔介质内部传热传质规律的研究进展[J].广东化工,2006,33(11):44-47.

［12］刘伟.多孔介质传热传质理论与应用[M].北京:科学出版社,2006.

［13］黄晓明.多孔介质相变传热与流动及其若干应用研究[D].武汉:华中科技大学,2004.

［14］施明恒,虞维平,王补宣.多孔介质传热传质研究的现状和展望[J].东南大学学报,1994(S1):1-7.

［15］施明恒.多孔介质传热传质研究的进展与展望[J].中国科学基金,1995(01):33-36.

［16］PHILIP J R,DE VRIES D A. Moisture movement in porous materials under temperature gradient [J]. Transactions American geophysical union,1957,38(2):222-232.

［17］LUIKOV A V. Heat and mass transfer in capillary-porous bodies[J]. Advances in heat transfer,1964,1(1):123-184.

［18］刘炳成,刘伟,王崇琦.自然环境下湿分分层土壤中热湿迁移规律的研究[J].太阳能学报,2004,25(3):299-304.

［19］徐英英,袁越锦,袁月定.土壤热质传递机理研究现状及发展趋势[J].湖北农业科学,2009,48(3):738-742.

［20］黄晓明,刘伟,朱光明,等.多孔介质中的相变传热特性及其在建筑物节能中的应用[J].太阳能学报,2002(05):615-621.

［21］WHITAKER. Coupled transport in multiphase systems:a theory of drying[J]. Advances in heat transfer,1998,31(8):1-102.

［22］BEAR J. Modeling transport phenomena in porous media[J]. Enviromental studies,1996,79:27-63.

［23］ MATSUMOTO M, HOKOI S, HATANO M. Model for simulation of freezing and thawing processes in building materials［J］. Building and environment, 2001, 36(6): 733-742.

［24］杨世铭,肖宝成,杨强生. 多孔介质内部热质传递的等效耦合扩散模型［J］. 上海交通大学学报, 1992(06): 52-62.

［25］ QUINTARD M, BLETZACKER L, CHENU D, et al. Nonlinear, multi-component, mass transport in porous media［J］. Chemical engineering science, 2006, 61(8): 2643-2669.

［26］ ALBERTO J, OCHO A-TAPIA. Heat transfer at the boundary between a porous medium and a homogeneous fluid［J］. International journal of heat and mass transfer, 1997, 40(11): 2691-2707.

［27］虞维平,王补宣,施明恒,等. 多孔介质非饱和渗流的阈梯度理论［J］. 工程热物理学报, 1992(01): 74-76.

［28］韩吉田,施明恒,虞维平,等. 考虑毛细滞后的未饱和多孔介质传热传质模型［J］. 东南大学学报, 1995(02): 67-72.

［29］王补宣,杜建华. 水流经垂直多孔介质同心套管的传热实验研究［J］. 工程热物理学报, 1993(01): 64-67.

［30］陈永平,施明恒. 基于分形理论的多孔介质导热系数研究［J］. 工程热物理学报, 1999(5): 608-612.

［31］ LEWIS R B. 干燥原理及应用［M］. 上海:上海科技文献出版社, 1986.

［32］ SHERWOOD T K. Drying granular solid［J］. Industrial & engineering chemistry, 1929, 21(2): 12-16.

［33］ HENRY P S A. Diffusion in absorbing media［J］. Proceedings of the royal society of London, 1939(A171): 215-241.

［34］ DE VRIES D A. The theory of heat and moisture in porous media revisited［J］. International journal of heat and mass transfer, 1957 (30): 1343-1351.

［35］ LUIKOV A V. Thermal conductivity of porous system［J］. International journal of heat and mass transfer, 1968(11): 117-140.

［36］王启立. 石墨多孔介质成孔逾渗机理及渗透率研究［D］. 徐州:中国矿业大学, 2011.

［37］ NIELD D A. Modeling high speed flow of a compressible fluid in a saturated porous medium [J]. Transport in porous media, 1994, 14 (1):85-88.

[38] 薛定谔 A. E. 多孔介质中的渗流物理[M]. 王鸿勋, 张朝琛, 译. 北京:石油工业出版社,1982.

[39] PASCAL J P, PASCAL H. Non-linear effects on some unsteady non-Darcian flows through porous media[J]. International journal of non-linear mechanics,1997,32(2):361-376.

[40] VAFAI K, TIEN C L. Boundary and inertia effects on flow and heat transfer in porous media[J]. International journal of heat and mass transfer,1981,24(2):195-203.

3 炭/石墨多孔介质的分形逾渗特征

3.1 引言

自然界处处存在大量的不规则现象,如山峦、河流、岩石等,这些不规则现象很难用传统的欧氏几何语言进行描述和研究。法国数学家曼德尔布洛特(Mandelbrot)[1-2]在研究英国海岸线长度问题时提出,英国海岸线的长度依赖于测量的单位尺度,测量单位变小,测得的长度将变大,而且从地图上观察,海岸线具有典型的不规则特征,用一维几何进行描述比较困难,但是存在一个重要的特征:局部和整体在某种程度上具有相似性。他提出,自然界的物体体现出的维数特征不一定都是整数,也可以是分数,称之为"分形维数(fractal dimension)",目的是描述"不规则的、断裂的或支离破碎的"几何现象,出版的 *Fractal:form,chance and dimension* 和 *The fractal geometry of nature* 描述了自然界中诸如海岸线、岛屿、河流、雪花、树枝等分形现象,揭示了自然界中一些奇妙的现象。

分形理论的创立为研究貌似杂乱无章却存在某种局部与整体相似的现象开创了新的研究思路和方法。自然界大多数多孔介质的结构具有局部与整体自相似性的特点,可以用分形理论进行很好的描述,为多孔介质复杂的微观结构研究提供了新的思路和方法。在分形理论发展的短短几十年中,众多学者[3-6]运用分形理论对岩石、土壤、水泥、煤岩、混凝土等多孔介质的分形特征进行了研究,取得了不错的效果。

分形几何是研究不规则几何形状的学科,其最大的特征是图形局部和整体具有自相似性和标度不变性[2]。自相似性指某种结构或者过程的特征无论从时间还是从空间尺度观察都是相似的,或者是在局部的性质或结构上与整体相似,整体与整体、局部与局部之间也存在相似性。标度不变性指改变测量尺度不影响测量对象的性质,也就是分形图形上某个局部进行放大或者缩小后,其表现出的形态特征与原图相似。具有分形几何这两个典型特征的物体,可以应用分形理论进行描述,称之为分形物体或分形介质。

自分形理论创立以来,众多学者应用分形理论描述多孔介质或多孔介质颗粒不规则的结构特征,取得了很好的效果。Diamond、Shah 等[7-8]利用分形理论中的测度关系法描述了水泥基材料孔隙的分形特征。Martín 等[9]对土壤的质量分形维数和体积分形维数进行了研究和对比。Tyler、Horgan 等[10-12]对多孔介质黏土颗粒群的粒径分布分形维数进行了研究。杨金玲、王恩元、Winslow 等[5-6,13]也开展了诸多研究工作。此外,分形理论也用于具有分形特征的多孔介质传热传质研究。Adler、Thover、郁伯铭等[14-16]论述了分形介质的分形理论和数学基础,并阐述了用分形理论和方法研究分形介质的传热与传质特性方面取得的研究进展。Pitchumani、张东辉等[17-19]利用分形理论对分形多孔介质的导热率进行了研究,建立了几种不同情况下的导热分形模型。王唯威[20]基于分形理论,构造了随机 Sierpinski 地毯的多孔介质孔隙结构,对其导热进行了数值模拟,获得了不错的效果。从微观结构上比较,石墨多孔介质与岩石、水泥、混凝土等有相似的结构,具有典型的分形特征,因此,可以借鉴前述研究工作的经验,运用分形理论描述石墨多孔介质的孔隙结构。

3.2 石墨多孔介质孔隙结构分形特征

3.2.1 多孔介质孔隙结构的实验测定

3.2.1.1 压汞实验

压汞法是测定多孔介质孔径分布的常用方法,基本原理是:汞在一定压力下只能渗入相应级别大小的孔中,压入汞的量就代表内部孔的体积,逐渐增加压力,同时计算汞的压入量,可测出多孔材料孔隙容积的分布状态,计算出孔隙率及比表面积等参数。实验系统主要包括 AutoPore Ⅳ 9520 型压汞仪及 WIN 9500 压汞数据分析软件。压汞仪基本参数:最高压力 60 000 Psia(1 Psia＝6.890 kPa),压力准确度 0.01 Psia;低压时孔径测量范围 3.6～560 μm,高压时 0.003～6 μm。

压汞实验是测量多孔介质孔隙结构参数的常用方法,选择部分试样进行压

汞实验,其中 1#～5# 试样是过滤用石墨多孔介质,6#～7# 试样为浸渍用石墨多孔介质。主要实验步骤如下:

(1)打开与压汞仪相连接的计算机控制系统。

(2)样品称重并放入样品管中,在样品管的周围涂上薄薄的一层密封树脂,装入低压站。

(3)启动真空系统对样品抽真空处理,真空度达到 50 μmHg 停止抽真空。

(4)低压部分测试:充汞加压,进行低压测试,完成后退汞,将样品二次称重,记录数据。

(5)高压部分测试:将样品装入高压站,充汞加压,完成高压部分测试工作。

(6)实验后处理:测试完毕后,将试样从高压站取出,清洗干净并妥善保存。

(7)数据处理:利用压汞数据分析软件计算并导出相关实验结果。

3.2.1.2 金相显微实验

金相显微实验的主要装置包括试样、砂轮机、抛光机、G51 型金相显微镜。实验步骤如下:

(1)取样:尽量选取具有代表性的部位,取样以边长为 1.5 cm 的立方体为宜。

(2)磨制:首先在砂轮上粗磨,获得一个较为平整的表面;然后细磨,用砂纸按照由粗到细的顺序依次细磨。

(3)抛光:将磨好的试样抛光,先进行粗抛光,然后进行细抛光,抛光到试样表面磨痕完全去除、表面像镜面时为止,用水或酒精清洗干净。

(4)浸蚀:将抛光后的试样放在玻璃器皿中浸蚀,浸蚀剂用 4% 的硝酸酒精溶液,浸蚀完成后迅速用水洗净,用酒精清洗然后用吹风机吹干,放在烘干炉中烘干。

(5)照片拍摄。

3.2.1.3 实验结果

各试样的压汞测试结果(孔径、比表面积、密度、孔隙率等结构参数)如表 3-1 所示。如图 3-1 所示,多孔石墨类似于沙滩及水泥的孔隙结构,固结效果较好。灰色为多孔石墨基体骨架,黑色为孔隙,孔隙分布较为均匀,孔隙大小合理,3 种试样的局部和整体呈现非常明显的相似性。图 3-2 为 4# 试样放大 100 倍,200 倍及 400 倍的照片,3 幅图片的骨架及孔隙都表现出不规则性,同时孔隙的形状和分布都呈现出明显的标度不变性特征,即在不同尺度下表现出相似性,与 Mandelbrot 描述的地球上岛屿分布特征相似。由此可见,多孔介质具备自相似性和标度不变性,说明其孔隙结构具有分形特征,可以应用分形理论进行描述。

表 3-1　压汞实验结果

试样	1#	2#	3#	4#
试样质量/g	2.276 9	2.118 9	2.334 3	2.499 9
浸汞体积/(mL·g⁻¹)	0.264 5	0.212 4	0.242 2	0.272 4
阈值压力/Psia	13.91	12.0	11.95	11.99
最小孔径/nm	6.6	6.0	6.6	6.0
最大孔径/μm	146.77	146.34	146.41	146.70
体积中值孔径/nm	12 019	15 816	15 470	15 807
面积中值孔径/nm	9.2	10.2	10.1	9.2
平均孔径/nm	497.8	222.4	318.6	399.8
特征长度/nm	12 999	15 066	15 137	15 084
迂曲度	4.926 7	4.380 4	4.301 1	4.192 6
渗透率	148.65	196.09	222.23	258.09
比表面积/(m²·g⁻¹)	2.126	3.82	3.041	2.726
体积密度/(g·cm⁻³)	1.187	1.282	1.225	1.189
真密度/(g·cm⁻³)	1.732	1.764	1.743	1.761
孔隙率/%	31.42	27.25	29.69	32.42

注：只取 4 个代表性试样分析。

图 3-1　多孔石墨试样的金相结构

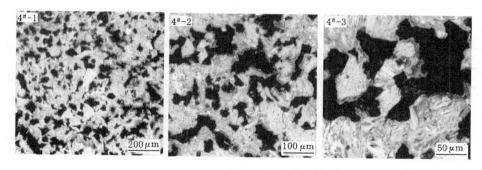

图 3-2　4# 试样在不同尺度下的孔隙结构

3.2.2 石墨多孔介质孔隙结构的分形维数

3.2.2.1 面积分形维数和体积分形维数

分形维数是分形几何最重要的特征参数，用以描述复杂几何的不规则程度、充满空间的程度或整体与局部的相关性。需要求解孔隙分形维数、骨架分形维数、体积分形维数、骨料颗粒边界分形位数、迂曲度分形维数等。求解二维（孔隙及骨架）面积分形维数的方法很多，本书采用计盒数法求解多孔石墨孔隙结构的分形维数，主要步骤包括图像选取、二值化处理（图 3-3）、矩阵转换、最小二乘法拟合，具体求解步骤在相关文献中已经阐述，用此方法可求解多孔石墨的基体骨架和孔隙分形维数，求解后得到的结果如表 3-2 所示。

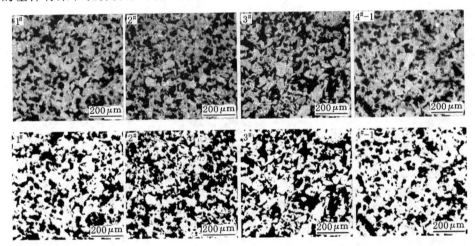

图 3-3　分形计算中的各试样初始图像和二值化图像

（白色为多孔介质骨架）

表 3-2　各试样的分形维数

试样编号	D_1	R_1	D_2	R_2	D_3	R_3
1#	1.749	0.995 4	1.784	0.997 4	2.935	0.992 7
2#	1.709	0.989 5	1.829	0.988 3	2.909	0.996 7
3#	1.726	0.998 3	1.821	0.999 1	2.898	0.994 1
4#	1.811	0.989 2	1.683	0.987 2	2.928	0.989 6

注：D_1 为骨架分形维数，R_1 为 D_1 的相关性系数；D_2 为孔隙分形维数，R_2 为 D_2 的相关性系数；D_3 为体积分形维数，R_3 为 D_3 的相关性系数。

对于多孔介质体积分形维数的求解,韦江雄等[21]在 Menger 海绵模型的基础上推导出体积分形维数的表达式为:

$$D = 3 - \frac{\lg(1-\varphi)}{\lg(r/R)} \tag{3-1}$$

式中,φ 为压汞过程中某个孔径 r 对应的孔隙率,可以用累积浸汞体积与试样体积比值表示;R 为最大孔径。通过不同压力点对应的 $\lg(1-\varphi)$ 与 $\lg(r/R)$ 双对数关系求得多孔介质的体积分形维数,但是按照上述方法得到的 $\lg(1-\varphi)$ 与 $\lg(r/R)$ 双对数曲线表现为两条直线,作者的解释为体现出多孔介质的多重分形特征,另外该方法得到的体积分形维数可能超过 3,难以解释其物理意义。

Alvarodo 等[22]根据逾渗理论,提出了根据压汞实验数据计算分形维数的方法。本书采用该方法,结合压汞数据求解石墨多孔介质的体积分形维数。根据 Alvarodo 等的理论,压汞实验中每一点的浸汞体积和压力满足以下关系:

$$I = \alpha(P - P_{\text{thr}})^{3-D} \tag{3-2}$$

式中,I 为浸汞体积;P 为压力;P_{thr} 为逾渗压力;D 为分形维数;α 为比例系数。两边取双对数可得:

$$\log I = (3-D)\log(P - P_{\text{thr}}) + \log \alpha \tag{3-3}$$

式(3-3)体现了 $\log I$ 与 $\log(P - P_{\text{thr}})$ 的线性关系。对压汞实验中逾渗压力以上的每一点 $(I_i, \Delta P_i)$ 进行最小二次拟合,可求得 D 和 α。

骨架分维表征了骨架充满空间的程度,根据二维截面得到的维数表明了骨架充满二维平面的程度;按照 Menger 海绵模型(三维)得到的维数表明了骨架充满三维空间的程度,如果维数为 3,则表示完全充满整个三维空间。

孔隙分维表征了孔隙大小及分布的非均质性,孔隙分维越大,说明孔隙的非均质性越强,分布面积越大。也就是说,如果孔隙分布的均质性相当,孔隙面积越大则分形维数越高;如果孔隙面积大小相当,非均质性越强则分形维数越高。比较图 3-3 中 1# 与 2# 试样的二值化图像,两个试样的孔隙分布均匀程度相当,但是 2# 试样孔隙结构的孔径较大,颗粒聚集体之间的紧密程度更低,其孔隙分布面积更大,因此其孔隙分维较 1# 试样略大。

3.2.2.2 骨料颗粒分形维数

单个骨料颗粒或孔隙的分形特征常用计盒维数来表示,文献[23]给出了利用"数盒子"方法求解颗粒物计盒维数的方法和步骤,此处不再赘述。其核心思想是利用单位大小的网格去分割颗粒物的分形图形,得到分形图形所占据的网格数目,通过改变网格大小得到不同的网格数,利用双对数关系曲线求解颗粒

物边界图形的维数。骨料颗粒外观、边界投影及分形维数求解结果如图 3-4
所示。

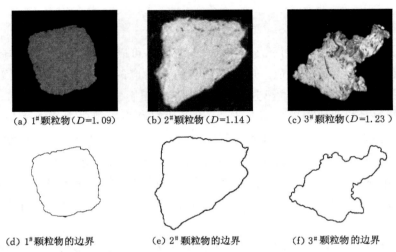

(a) 1#颗粒物(D=1.09)　　(b) 2#颗粒物(D=1.14)　　(c) 3#颗粒物(D=1.23)

(d) 1#颗粒物的边界　　(e) 2#颗粒物的边界　　(f) 3#颗粒物的边界

图 3-4　骨料颗粒物边界投影及其分形维数

颗粒物投影的分形位数表征了颗粒物形状的复杂程度,不同形状的颗粒物
其分形维数不同,边界光滑的颗粒物分形维数较小,边界粗糙曲折的颗粒物其
分形维数较大。1#颗粒物的边界投影近似椭圆,分形维数最小;2#颗粒物次
之;3#颗粒物的边界投影比较曲折,分形维数最大,并且与三分科赫曲线的分形
维数(D=1.26)较为接近,说明3#颗粒物的形状复杂程度与三分科赫曲线大致
相当。

3.2.2.3　迂曲度分形维数

Tyler 和 Wheatcraft[24]在研究颗粒在多孔介质中流动时推导出流体流经
的弯曲路径与两点间的直线路径之间的关系式,如下:

$$L_f(\varepsilon) = \varepsilon^{1-D} L_s^D \tag{3-4}$$

式中,L_f 是颗粒沿多孔介质分形路径行走的实际距离;L_s 是颗粒流动的起点和
终点在流动方向上投影的直线距离;ε 为测量尺度;D 为分形维数。上式描述了
分形介质中两点之间的实际距离与直线距离、测量尺度、分形维数之间的关系。
用一个微小尺度上的距离(x_f)来表示 $L_f(\varepsilon)$ 可得到更普遍的形式:

$$x_f = \varepsilon^{1-D} x_s^D \tag{3-5}$$

利用迂曲度的概念可得其表达式为:

$$T_f = \varepsilon^{1-D} x_s^{D-1} \tag{3-6}$$

从上式可以看出，如果测量尺度不变，迂曲度分形维数随着流经路径的增加而增加，当 $1 < D < 2$ 时，$\lim x_s \to \infty$ 则 $T_f \to \infty$。

郁伯铭[25]在式(3-6)的基础上，用毛细管的直径 λ 类比测量尺度 ε，用毛细管分形维数 D_t 代替 D，将流经毛细管的流线用分形幂函数表示如下：

$$L_t(\lambda) = L_0^{D_t} \lambda^{1-D_t} \tag{3-7}$$

式中，D_t 为迂曲度分形维数；L_0 为通道的代表性长度，实际计算中可以取孔隙通道的外观长度；$L_t(\lambda)$ 是直径为 λ 的毛细管通道的长度，$L_t(\lambda) \geqslant L_0$。

迂曲度(τ)为：

$$\tau = \frac{L_t(\lambda)}{L_0} = \left(\frac{L_0}{\lambda}\right)^{D_t-1} \tag{3-8}$$

实际应用中常用平均迂曲度(τ_{av})来表示，其表达式为：

$$\tau_{av} = \left(\frac{L_0}{\lambda_{av}}\right)^{D_t-1} \tag{3-9}$$

式中，λ_{av} 为毛细管平均直径，可由下式积分得到：

$$\lambda_{av} = \frac{D_f}{D_f-1} \lambda_{min} \left[\left(\frac{\lambda_{max}}{\lambda_{min}}\right)^{D_f-1}\right] \tag{3-10}$$

于是可以得到迂曲度的分形表达式为：

$$D_t = 1 + \frac{\ln \tau_{av}}{\ln(L_0/\lambda_{av})} \tag{3-11}$$

式中，D_t 为迂曲度分形维数，表征了多孔介质的孔隙通道弯曲程度。郁伯铭[25]采用"计盒法"成功预测了孔隙率为 0.52 的多孔介质的迂曲度分形维数为 1.10，与通过蒙特卡洛(Monte Carlo)模拟方法获得的结果(1.08)非常接近。

在实际应用中，通过上式直接求解多孔介质的迂曲度分形维数很困难，因为虽然 λ_{av} 和 τ_{av} 都给出了求解公式，但是与选定的图像区域密切相关，在计算中通常只能根据图像的局部区域求得对应的 λ_{av} 和 τ_{av}，而不同的图像区域获得的结果有较大的误差。也就是说，毛细管的平均直径 λ_{av} 和多孔介质的平均迂曲度 τ_{av} 需要采用更加可靠的求解方法以减小误差，而压汞实验获得的相关数据则是体现整个试样的数据，可靠性更高。因此，采用压汞实验的数据替代通过图像计算获得的数据，τ_{av} 取压汞实验获得的迂曲度值，L_0 取压汞实验试样的最小外观长度，λ_{av} 用压汞实验的平均孔径代替，得到各试样的迂曲度分形维数计算结果，如表 3-3 所示。

表 3-3   各试样的迁曲度分形维数

试样	孔隙率 φ/%	迁曲度 τ_{av}	特征长度/nm	毛细管平均孔径 λ_{av}/nm	迁曲度分形维数 D_t
1#	27.32	4.93	13 999.83	404.13	1.45
2#	31.47	4.38	15 066.54	322.46	1.38
3#	32.56	4.30	15 137.32	318.61	1.37
4#	29.71	4.19	15 084.44	399.82	1.39

分形维数表征了多孔介质中毛细管路径的迁曲程度，$D_t=1$ 意味着多孔介质的孔隙通道完全是直的；$D_t=2$ 意味着孔隙通道是如此迁曲和不规则，以至于填满了整个二维平面。如图 3-5 所示，(a)为多孔石墨试样（$\varphi=31.47\%$，$D_t=1.45$），(b)是郁伯铭[25]采用的多孔介质（$\varphi=52\%$，$D_t=1.10$）。试样(a)的孔隙率 φ 更低，但是其迁曲度分形维数 D_t 更高，因为 1# 试样（石墨多孔介质）中的孔径通道形状更为曲折，分布更为复杂。同时可以看出，迁曲度分形维数并不是由某一个结构参数决定的，也不随某一个结构参数呈现简单的递增或者递减关系，而是由孔隙结构参数共同决定。在表 3-3 中，3# 试样的毛细管平均孔径 λ_{av} 最小，但是其迁曲度分形维数 D_t 并非最大；4# 试样的迁曲度最小，但是其迁曲度分形维数 D_t 并非最小；1# 试样的 φ 最小，迁曲度 τ_{av} 最大，其迁曲度分形维数 D_t 最大。当孔隙率 φ 和平均毛细管孔径 λ_{av} 相近或者一致的情况下，分形维数 D_t 和迁曲度 τ_{av} 体现出了一致性。如 1# 试样和 4# 试样的 φ 和 λ_{av} 比较接近，1# 试样的迁曲度 τ_{av} 更高，其迁曲度的分形维数 D_t 则更高；2# 试样和 3# 试样的 φ 和 λ_{av} 比较接近，2# 试样的迁曲度 τ_{av} 更高，故其迁曲度的分形维数 D_t 则更高。也就是说，在其他孔隙结构参数相同或接近的情况下，更高的 τ_{av} 则意味着石墨多孔介质中的毛细管曲折程度更高，迁曲度的分形维数更高。

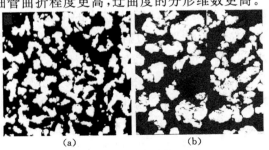

(a)   (b)

图 3-5   两个试样的二值化图像（白色为孔隙）

3.2.3 多孔介质孔隙结构的分形描述

3.2.3.1 孔隙率的分形描述

最早研究体积分形维数与孔隙率关系的是 Katz 和 Thompson[3]，他们在对沙石样品进行研究后，总结出求解孔隙率的经验公式：

$$\varphi = c \cdot \left(\frac{l_1}{l_2}\right)^{3-D_f}$$ (3-12)

式中，c 是数量级为 1 的经验常数；l_1 和 l_2 分别为自相似区域的下限和上限尺度；D_f 为孔隙率分形维数。

郁伯铭[15]对 Katz 和 Thompson 提出的方程进行了改造，提出如式（3-13）所示的孔隙率与分形维数关系式，并证明了方程对精确自相似的分形结构（如 Sierpinski 地毯）是严格成立的，并且指出该式虽然是按照二维模型推导出来的，但是对三维模型同样适用。

$$\varphi = \left(\frac{\lambda_{\min}}{\lambda_{\max}}\right)^{D_e - D_f}$$ (3-13)

式中，$\lambda_{\min}$、$\lambda_{\max}$ 分别为孔隙最小、最大直径，D_e 为欧氏维数，D_f 为孔隙分形维数。对于二维（面积分形维数），$D_e = 2$，$1 < D_f < 2$；对于三维（体积分形维数），$D_e = 3$，$2 < D_f < 3$。

Hunt[26]根据 R-S 模型提出多孔介质孔隙率的表达式为：

$$\varphi = 1 - \left(\frac{r_o}{r_m}\right)^{3-D}$$ (3-14)

式中，r_o 和 r_m 分别为孔隙最小和最大孔径（半径），D 为体积分形维数。上述方程中的参数都可通过实验获取，较为容易，其典型值为 $D \approx 2.8$，$r_m/r_o \approx 50$。

刘俊亮等[27]曾对郁伯铭推导的多孔介质孔隙率分形表达式进行评述，认为作者忽视了在孔分形体中具有累积数量-尺寸幂指数分布关系的是固相颗粒而非孔洞这一事实，得到一个孔隙率随 D_f 增加而增加结果，与事实相反。当 $D_f = 3$ 时，表明多孔介质完全被骨架充满而没有孔隙，其孔隙率 φ 应该为 0 而不是 1，而按照式（3-13）得到孔隙率为 1，因此提出应该采用 Hunt 的多孔介质孔隙率表达式。

Menger 海绵模型适合于模拟多孔介质孔隙结构，在研究岩石、多孔 CaO 孔隙结构等方面有所应用。将一个立方体单元按照边长进行三等份分割成 27 块小立方体，然后去掉中心和 6 个面上中间的小立方体，保留剩余的 20 个立方体，得到 Menger 海绵分形模型。类似地，将边长为 R 的立方体的边长分成 m

等分,得到 m^3 个小立方体,边长为 R/m,随机去掉其中的 n 个小立方体,则剩余的立方体个数为 (m^3-n),按照此方法迭代下去,经过 i 次构造,小立方体的边长为 $r_i=R/m^i$,立方体的个数为 $(m^3-n)^i$,样本中剩余的体积 V_s 为:

$$V_s = (m^3-n)^i \left(\frac{R}{m^i}\right)^3 \tag{3-15}$$

孔隙体积 V_φ 为:

$$V_\varphi = R^3 \left[1-(\frac{m^3-n}{m^3})^i\right] \tag{3-16}$$

则孔隙率 φ 为:

$$\varphi = 1-(\frac{m^3-n}{m^3})^i \tag{3-17}$$

Menger 海绵分形维数为:

$$D = \ln(m^3-n)/\ln m \tag{3-18}$$

代入式(3-16)可得,可得孔隙率与分形维数的关系为:

$$\varphi = 1-(m^{D-3})^i \tag{3-19}$$

式(3-13)和(3-19)分别是按照 Sierpinski 地毯模型(二维)和 Menger 海绵模型(三维)得到的孔隙率的分形表达式。

可根据式(3-19)求解孔隙率、分形维数、等分数以及迭代次数之间的关系,如图 3-6 所示。

比较同一图中各曲线可以看出,对于相同的等分数 m,孔隙率 φ 随迭代次数 i 的增加而增加并向 1 趋近;分形维数 D 越大,孔隙率 φ 随着迭代次数 i 的增加趋近于 1 的趋势逐渐平缓。对于相同的 m、i,D 越大,则 φ 越小,与理论分析一致,D 越接近 3,则多孔介质越趋于立方体,孔隙率越小。比较同一试样在不同图中的曲线可以看出,对于相同的迭代次数 i,等分数 m 越大,孔隙率 φ 越大,这与 Menger 海绵模型构成过程一致,也与石墨多孔介质孔隙分布实际一致,等分数越大,则孔隙数量越多,孔隙率越大。以 3# 试样为例,当等分数为 $3(i=1)$ 时,孔隙率约为 0.3,当等分数为 $6(i=1)$ 时,孔隙率约为 0.43。在理论上,为了更合理地模拟石墨多孔介质的孔隙结构,迭代次数越多越好,但是随着 i 的增加,孔径越来越小,小孔数量呈指数规律增加,因此在实际模拟中应考虑石墨多孔介质的孔径分布情况,注意迭代次数的选取,并非越大越好。

3.2.3.2　比表面积的分形描述

由前述分析可知,经 i 次构造后,样本中剩下的立方体个数为 $M=(m^3-n)^i$,边长为 $r_i=R/m^i$,去掉的立方体个数为 $N=n(m^3-n)^{i-1}$。

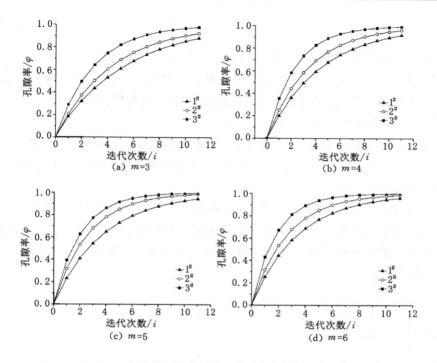

图 3-6　各试样孔隙率与等分数、迭代次数的关系曲线

通常情况下,为了研究方便,认为孔隙的表面积是所有去掉的立方体的表面积之和,也就是假设孔隙表面不具备分形结构,则孔隙总的内表面积(S)为[5]:

$$S = 6 \left(\frac{R}{m^3}\right)^2 \cdot n + 6 \left(\frac{R}{m^6}\right)^2 \cdot (m^3 - n)n + \cdots + 6 \left(\frac{R}{m^{3i}}\right)^2 \cdot (m^3 - n)^{i-1} n$$

$$= 6 \left(\frac{R}{m^3}\right)^2 \cdot n \left[1 - (m^{D-2})^i / (1 - m^{D-2})\right] \tag{3-20}$$

可知体积比表面积(S_V)为:

$$S_V = \frac{6}{R} \left(\frac{1}{m^3}\right)^2 \cdot n \cdot \frac{1 - (m^{D-2})^i}{1 - m^{D-2}} \tag{3-21}$$

式(3-21)即为不考虑孔隙表面分形效应的体积比表面积计算公式。可以看出,比表面积与立方体的边长成反比,也可理解为与颗粒直径成反比,与已有的有关比表面积的叙述一致。取 R 为单位长度,则得到体积比表面积表达式为:

$$S_V = 6\left(\frac{1}{m}\right)^6 \cdot n \cdot \frac{1-(m^{D-2})^i}{1-m^{D-2}} \tag{3-22}$$

结合前述分形维数数据,得到比表面积与 m、n 以及 i 的关系如图 3-7 所示,需要说明的是,由于在简化中取 R 为单位长度值,并未给出具体单位,因此此处比表面积未给出单位,如果针对具体多孔介质进行模拟,需要给出 R 的单位,从而确定比表面积的单位。

图 3-7(a)表明了相同 D、n 情况下,比表面积随等分数 m、迭代次数 i 的变化关系,图 3-7(b)表明了相同 D、m 情况下,比表面积随去掉的立方体个数 n、迭代次数 i 的变化关系。

由图 3-7 可知,对于同一试样,比表面积随 m、n 的增加而增加,随迭代次数 i 的增加表现为指数型增加,与 Menger 海绵模型的构造过程及压汞过程一致。迭代次数 i 增加使小孔数量急剧增加,小孔孔径减小,比表面积迅速增加,在图 3-8 中得到验证。

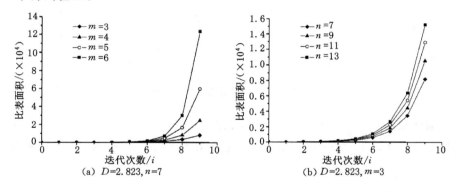

图 3-7　比表面积、等分数、迭代次数、分形维数的关系曲线

开始阶段比表面积上升比较平稳,当压力达到一定值后,汞能浸入一些孔径极小的孔隙中,这些孔隙的比表面积急剧上升,说明在多孔介质中,小孔对比表面积起决定性作用,也就是 S_V 的大小和变化趋势主要受多孔介质中小孔的孔径与数量的影响,而与孔隙率的变化规律并非完全一致。这点在压汞实验中得到验证,从图 3-8 所示的 2 个试样的比表面积随孔径的变化关系可以看出,当孔径大于 100 nm 时,比表面积的变化不明显,当孔径在 20～30 nm 时比表面积迅速增加,其最大值对应的孔径小于 10 nm,可见小孔对比表面积的贡献更大。

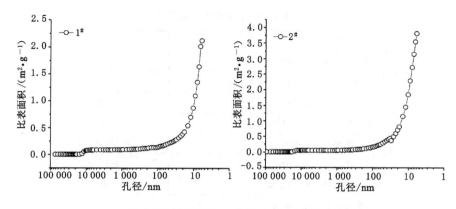

图 3-8　压汞实验中孔径-比表面积关系

3.3　逾渗理论概述

3.3.1　逾渗理论的提出

自然界广泛存在无序和随机结构,并且随着某个参变量的突然增加而使性质发生剧烈转变,如零星的火灾导致森林大火、地壳活动导致地震、降雨导致泥石流爆发、疾病局部发生导致大面积传染等。表面上看这些现象分属不同的研究领域,但是都有一个共同的特点,就是某个参量发生变化到了一定程度导致其某种性质发生根本性转变,逾渗理论就是处理这类强无序和随机的有效方法之一,其优点就是不需要精深和缜密的数学理论知识,却能对一些无序和随机过程进行明确、直观、清晰的描述。

Broadbent 和 Hammersley 提出逾渗的概念,研究流体在无序介质中的运动或扩散,后来逐渐发展到研究和处理自然界的无序和随机结构,这些随机结构可以是岩石、地层、煤、复合材料、社会群体、网络等。其突出特点就是随着联结程度,或某种密度、占据数、浓度的增加,出现长程联结性,某种性质发生突变,或者说发生尖锐的相变,在宏观上表现为某种行为突然出现或者消失,正是这种逾渗转变,使逾渗成为描述多种不同现象的一个自然模型[28-29]。Rechardson 在 *The physics of amorphous solids* 一书中列举的逾渗理论的应用范围(表 3-4)[30],后来逐渐推广到物理、化学、生物、环境、金融、社会现象等领域。

表 3-4　逾渗理论的应用范围

现象或体系	转变
多孔介质中流体的流动	堵塞/流通
群体中疾病的传播	抑制/流行
通信或电阻网络	断开/联结
导体和绝缘体的复合材料	绝缘体/金属导体
超导体和金属的复合材料	正常导电/超导
不连续的金属膜	绝缘体/金属导体
弥散在绝缘体中的金属原子	绝缘体/金属导体
聚合物凝胶化与流化	液体/凝胶
玻璃化转变	液体/玻璃

逾渗理论提出后在多孔介质领域得到了应用。Simon 等[31]在研究石油开采中注水采油问题时利用逾渗网络模拟计算了其效率;Sahimi[32]利用逾渗理论研究了多孔介质的扩散现象,建立了多个物理量在逾渗闭值附近的临界关系;Berkowitz 等[33]应用逾渗理论研究了地下水渗流问题;Andrade、Stanley等[34-35]利用逾渗模型对多孔介质中的流动问题进行研究,得到了逾渗临界点处逾渗团中两点或两线之间最短路径的标度性质;Mészáros 等[36]利用逾渗理论研究了多孔介质中热质耦合传输问题;Hunt[26]利用逾渗理论研究了非均质多孔介质中的导电性,并研究了分形多孔介质中的逾渗传输特性。

张东辉等[37]运用逾渗理论对逾渗阈值附近非线性的特性进行了研究,对不同孔隙通道联结率下的逾渗规律进行了分析。冯增朝等[38]将裂隙引入介质的逾渗研究,提出了孔隙裂隙双重介质的逾渗研究方法,揭示了孔隙裂隙双重介质的逾渗规律。杨瑞成等[39]总结了聚合物共混体脆韧转变中的逾渗模型的提出、发展及应用情况,利用逾渗理论对聚合物共混体脆韧转变过程进行了逾渗研究和逾渗过程数值模拟。梁正召、金龙等[40-41]通过建立岩石破坏过程中的分形和逾渗模型,研究岩石在逐渐损伤破裂过程中的微破裂的分形与逾渗演化特征。贾向明等[42]总结了粒子填充型导电体系逾渗网络的形成概况,对低逾渗值填充聚合物的成型与加工提供了理论指导。

3.3.2　逾渗理论的主要物理量

（1）键逾渗和座逾渗

逾渗的基本类型包括键逾渗和座逾渗两种。如图 3-9 所示的二维正方形网格,忽略网格的边界效应,网格中两个交点的连线称为"键",假定这些键中部分是联结(畅通)的,部分是不联结(堵塞)的,键逾渗考虑的就是这些键是畅通还是堵塞的问题。我们假定网格两点间的联结都是畅通的,考虑网格各点是处于被占据与否的状态,如果该点被占据,则认为该点是开启的(类似自来水龙头),如果未被占据则是关闭的,从网格一端到另一端具备逾渗通道,称之为座逾渗。

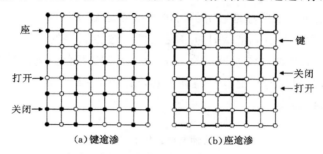

图 3-9　逾渗的基本类型——键逾渗、座逾渗

（2）联结百分率

对于键逾渗过程,每条键或者是联结的,或者是不联结的;联结的百分率为 p,不联结的百分率为 $1-p$。应该指出,这里必须假定系统是完全无序的,意即每条键的联结概率 p 与其相邻键的状态无关。对于座逾渗,每条键都是联结的,但"座"具有结构的无规联结性特征:每一个座或者是联结的(畅通的),或者是不联结的(堵塞的),相应的百分率分别为 p 和 $1-p$。仍假定,对于每一个座,概率 p 不受其相邻点的状态的影响。常把"畅通座"和"堵塞座"分别称为"已占座"和"空座",用以表达逾渗过程模拟的现象与浓度或密度的依赖关系。

（3）集团

对于座逾渗,若两个已占座可以通过由一系列相邻的已占座连成的路径联结起来,则称这两个已占座属于同一集团。同样,对键逾渗,若两条键可以通过至少一条由联键连成的路径联结起来,则称这两条联键属于同一集团。也就是说,相邻的被占座(键)组成的群体称为集团,一般将 S 个被占座组成的集团称为 S 集团,S 集团数 n_s 定义为 S 集团数与网格数之比,即单位网格上的 S 集团数。当 S 集团的尺度较小,没有贯穿整个网络时,称为有限大集团;当 S 集团尺度很大(通常说趋于无穷大)时,贯穿整个网络,称之为无限大集团,即逾渗集团。对于逾渗,当网格上出现无限大集团时,则逾渗发生。

（4）逾渗阈值

所谓逾渗阈值，指存在一个极端尖锐的临界值 p_c，当 p 减小（或增大）到 p_c 值时，系统的性质发生突变，逾渗现象发生。从集团的概念理解，无限大网格上以有限的概率第一次出现无限大集团时的概率值即为逾渗阈值。

假定二维正方形点阵是无限大，只有在这一极限情况下，数学上才可能确定联结性阈值。对于"有限大"的系统，所观测到的阈值将是一个包围 p_c 的、展宽了的数值区间。以后总是假定所讨论的系统是无限大的，即 $(L/a) \to \infty$，通常 a 的典型值为原子尺寸，而 L 则为宏观尺度。逾渗阈值的求解非常困难，少数几个可以严格求解的逾渗阈值见表 3-5。一维点阵不存在逾渗现象，对一维情形，有 $p_c = 1$，意即任何断键都将破坏长程联结性，一维情形（$d=1$）时无法像 $d \geqslant 2$ 那样"绕过"障碍。

表 3-5 几种典型结构的逾渗阈值[29]

网格	座逾渗	键逾渗
正方形	0.593 7	0.5
蜂窝状	0.698	0.652 7
三角形	0.5	0.347 3
简单立方体	0.311	0.249
体心立方体	0.245	0.178
面心立方体	0.198	0.119

从表 3-5 中可以看出，对于相同维数网格上的逾渗来说，键比座的逾渗阈值更小，也就是键逾渗比座逾渗更容易发生，原因是键逾渗中的每个键比座逾渗中的每个座有更多的联结机会。例如二维正方形网格中，每个键有 6 个相邻的键，而每个座只有 4 个相邻的座，因此，键有更多的联结机会，逾渗阈值更低。

3.4 石墨多孔介质制备过程中的逾渗演化

3.4.1 逾渗分析

在焙烧工艺中，沥青黏结剂发生热解，由于温度梯度的作用，坯料外圆周方向首先发生热解和挥发，挥发分沿孔隙从坯料中逸出，逸出通道形成了局部孔隙。随着反应的进行,局部孔隙向内径方向扩散,孔隙数量逐渐增加,无数的孔隙就形成了多孔介质的孔隙结构。因此,多孔介质孔隙结构的形成过程可以看作"孔隙产生—增加—无限多—网络化"的逾渗化过程。多孔介质具有无限多数量的孔隙相互连通的性质称为长程联结性。多孔炭/石墨是否具有长程联结性,直接决定了其后续工艺(如浸渍、过滤)的质量。

从理论上分析,孔隙的形成过程在本质上是流体(挥发分)在多孔介质中的流动过程,孔隙结构就是坯料焙烧过程中挥发分逸出通道冷却后的固结通道,逾渗理论正是研究流体在多孔介质中流动问题的有力工具,可以借助逾渗理论对石墨坯料孔隙结构的形成过程进行分析和描述。

石墨多孔介质由孔隙和骨架组成:孔隙可以看作"开"座点,骨架可以看作"闭"座点。随机构成的孔隙相互连通构成许多集团,称为簇或者集团,其中包含孔隙数量最多的团称为最大集团。开始阶段,很多集团都是零星的或者局部连通的,流体尚不能从多孔介质的一端沿某种通道流向另一端。随着孔隙率的增加,最大团所包含的孔隙数目达到某一个临界值,将无数个集团连接在一起,形成了具有长程联结性的无限大网络集团,流体可以从多孔介质的一端流向另一端,这种现象称为逾渗现象,这个临界孔隙率称为逾渗阈值,此时的最大团称为逾渗团,具有逾渗团的孔隙结构称为逾渗结构。

对石墨多孔介质而言,可以用下面的过程形象描述逾渗现象:当孔隙率很小的时候,流体(浸渍剂或者过滤液)只能有极少量(或者完全不能)浸入石墨多孔介质,因多孔介质孔隙不具备长程联结性而没有形成无限大的网状通孔,因此流体完全不能渗透通过石墨多孔介质;当孔隙率增加到临界值的时候,流体能够完全渗透多孔介质,这种渗透性能随孔隙率的增加而发生质的转变称为逾渗转变,此时单位面积或者体积的多孔介质中无限连通的集团的孔隙面积或体积所占的比率就是逾渗概率;当孔隙率大于临界值时,逾渗概率为1,逾渗结构形成。

3.4.2 坯料焙烧前的结构特征

石墨坯料的成型过程主要包括 3 个步骤:骨料颗粒混合、加入添加剂和黏结剂混捏、模压成型。通常选择不同粒径的颗粒,按照不同比例进行混合,加入添加剂和黏结剂,在充分混捏后进行模压成型。颗粒配方比例和混捏的充分程度是影响生坯质量的重要因素,因为这个阶段直接决定了坯料中坯料颗粒、黏结剂及添加剂的分布状况,理想的混捏模型如图 3-10(a)所示,不同粒径的颗粒分布均匀,黏结剂不但完全包裹骨料颗粒,而且具有无限大尺度的长程联结性,形成逾渗集团。黏结剂和添加剂中的挥发分在焙烧过程中逸出通道即为浸渍过程中的流体逾渗通道,因此,生坯中挥发分的分布情况就是逾渗通道的雏形,可以看作逾渗理论中键逾渗中的键,如果挥发分分布连续,则说明键是联结的,否则是孤立的。

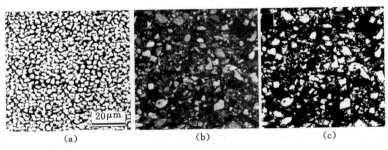

图 3-10　坯料混捏模型、实物及二值化图片

在压型过程中,由于挤压作用,颗粒变形,间隙变小,黏结剂由于流变特性在孔隙中流动,往压力较低的缝隙中缓慢流动,使黏结剂在孔隙中的分布更加均匀,联结程度增加。另外,由于颗粒间的挤压、滑移,部分原来孤立的孔洞或者局部连通的孔洞与占据主导地位的无限大逾渗集团相连通,成为无限大集团的一部分。

图 3-10(b),(c)为试压成型后坯料金相图片及二值化图片(白色为骨料颗粒,黑色为黏结剂)。从图中可知,骨料颗粒的大小分布较为均匀,没有发生大颗粒物积聚的现象,黏结剂的分布状况良好,黏结剂基本把骨料颗粒包覆起来,只有黏结剂能够形成连续相,在焙烧过程中黏结剂中的挥发分才能连续流动及挥发,那些未能形成连续相的黏结剂受热后流动性较差,不能形成通孔。

3.4.3　坯料焙烧成孔过程的结构逾渗演化

焙烧过程伴随复杂的变化,整个过程可以看成键逾渗的情形,黏结剂热解形成挥发分的释放及颗粒中气体的逸出可以看作流体在多孔介质中的流动,其逸出通道就形成逾渗通道。开始加热时,黏结剂软化,坯体变软,体积增加,沥青变成液相,开始缓慢迁移,此时并未有连通的通道形成,液相迁移非常缓慢,并且是局部的;继续加热后,黏结剂中挥发分组成的网络仍然没有形成通路,裂解产生的气体无法逸出,在材料内部形成很大的应力;继续加热一段时间后,表面附近的挥发分裂解,产生的气体逸出并形成无规则的短通道,逐渐向材料内部扩展,随着温度逐渐升高,裂解由外部向内部进行,挥发分的逸出通道无规则地相互联结,贯穿整个生坯的网状逾渗通道逐渐形成,但始终有部分裂解后的挥发分形成的应力无法克服基体骨架的表面张力而不能逸出,它们可能形成孤立的孔洞或局部的连通,但是无法和贯穿坯料的逾渗网络相联结,也就是只能形成孤立的尺度较小的集团,无法成为尺度很大的逾渗集团的一部分[1]。实际上,逾渗集团并未包含坯料中所有的孔隙通道,原因有两个:一是在焙烧过程中联结性不好的挥发分虽然能受热挥发,但挥发通道曲折,尺度较小,这些加热阶段张开的小尺度孔隙在冷却阶段可能重新闭合,形成孤立的孔洞;二是部分局部连通的小集团,虽然具有局部范围内的连通性,但是没有与逾渗集团联结,不属于逾渗集团的一部分。在加热的后期及冷却阶段,骨架硬结及固化,基体开始收缩,逾渗通道孔径变大,优化逾渗网络。

　　从图 3-11 中可以看出,当温度为 300 ℃时,黏结剂已经发生相变,开始流动,包裹了大部分骨料颗粒,图像中能够直接观察到的骨料颗粒物(白色)较焙烧前大量减少,大部分被融化状态沥青黏结剂覆盖。

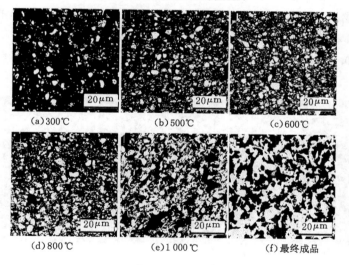

(a) 300 ℃　　　　(b) 500 ℃　　　　(c) 600 ℃

(d) 800 ℃　　　　(e) 1 000 ℃　　　　(f) 最终成品

图 3-11　坯料焙烧过程不同阶段的孔隙结构二值化图片

　　温度为 400 ℃时,骨料颗粒(白色)的数量明显增加,并且大量细小颗粒物呈现,实际上其中大部分并不是小粒径的颗粒物,而是由于沥青黏结剂正在流动挥发过程中,很多粒径较大的骨料颗粒刚开始呈现。

温度为 600 ℃和 800 ℃时,由于沥青的大量流动和挥发,骨料颗粒开始大量呈现,但从分布上并没有较大区别,说明当温度升高到 600 ℃以后,沥青黏结剂的挥发开始减少,进入缩聚阶段,通过图中大量的小粒径颗粒分布特点可以看出,缩聚反应刚刚开始,并不十分明显。

理论上来说,在 800 ℃时缩聚反应基本结束,但实际实验中,由于传热的延迟性,此时缩聚反应并未完成,固化效果不够理想,因此,继续加热到 1 000 ℃时,进行高温焦化,骨料的缩聚效果较为明显,在黏结剂的包裹和缩聚作用下,以大粒径骨料颗粒为中心的附近区域开始缩聚为整体,基体骨架雏形已经呈现,孔隙结构正在形成无限大逾渗集团。当保温时间结束后,石墨多孔介质的骨架结构完全形成[图 3-11(f)],从图中可以看出,骨料颗粒聚集成较为粗实的骨架,沥青黏结剂中的挥发分逸出通道形成了石墨多孔介质的孔隙。

观察各图演变情况,孔隙通道的孔径越来越大,一方面是挥发分逸出后留下的空间变大,另一方面由于后期的缩聚和冷却阶段骨架收缩,增加了孔隙通道的孔径。图 3-12 反映出焙烧完成后的试样孔隙大小较为均匀,分布合理,除了少部分的孤立孔洞外,大部分孔隙相互连通,形成了具有无限大集团,逾渗网络已经形成。通过计算得到其连接百分率为 41%,虽然小于正方形的座逾渗阈值 0.593 7 和键逾渗阈值 0.5,但是大于简单立方体的座逾渗阈值 0.311 和键逾渗阈值 0.249。因此,从简单立方体角度考虑,已经形成了具有无限大网络的逾渗集团。

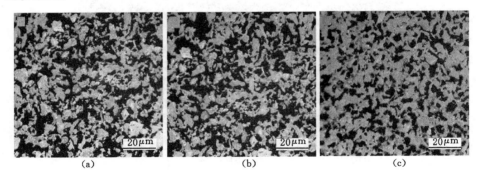

| (a) | (b) | (c) |

图 3-12　各试样焙烧完成后的孔隙结构

3.5　石墨多孔介质孔隙结构的逾渗特征

3.5.1　重整化的基本思想和方法

无论是用于浸渍还是用于过滤,多孔介质只有形成了具有长程联结性的无限大网络结构,流体才能在多孔介质中顺利流动,否则,无论是浸渍剂还是过滤液体,都不能在多孔介质中流动。因此,本节主要研究焙烧后的石墨多孔介质孔隙结构是否具有逾渗特征。

重整化群是逾渗理论中常用的处理临界点附近现象的有效方法,Wilson于20世纪70年代将应用于量子力场的重整化群方法应用于分析临界相变现象[43-44]。其基本思想是利用逾渗模型在临界点附近关联长度趋于无穷大、体系具有标度不变性的特点,对体系进行重新划分,采用放大尺度(减小分辨率)的方法观察体系,然后找出重新划分后前后参数的关系,得到在临界点附近的相关信息。重整化及重整化群在处理凝聚态物理及临界现象方面有广泛的应用,近年来,有学者利用重整化群方法研究多孔介质孔隙结构特征及渗透特性,取得了不少成果[45]。

以点逾渗为例,假设有 8×8 的点阵,将 2×2 个格点作为原胞重整为 1 个格点,当 4 个格点有 3 个格点被占据(p 为 1)时,认为该新格点是被占据的,具有导通性,则得到 4×4 点阵;继续用 2×2 个格点作为原胞进行重整化,直到重整为 1 个格点为止。如果得到从一端到另一端贯穿原胞的集团产生,则重整化的格点为占据点,逾渗通道为导通的(图 3-13)。

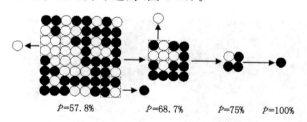

p=57.8%　　p=68.7%　　p=75%　　p=100%

图 3-13　二维点阵的重整化群分析示意图

流体在多孔介质中的流动过程实际上就是流体对孔隙空间的占据过程,该过程取决于孔隙的空间分布,或者说取决于孔隙在整个格子模型中占有的概率[46]。周宏伟、谢和平[47]指出，对于多孔介质，无论其孔隙结构多么复杂，都可以通过简化方法转化为孔隙堆积网络模型。二维格子点阵的逾渗概率为 $p = p_0^4 - 4p_0^3(1-p_0)$；Turcotte 等[48]推导出 3×3 型网格的逾渗概率为：

$$P_{3 \times 3} = p_0^9 - 6p_0^8 + 14p_0^7 - 9p_0^6 - 6p_0^5 + 4p_0^4 + 3p_0^3 \tag{3-23}$$

吕兆兴[49]推导了三维 $2 \times 2 \times 2$ 型基元重整化群的逾渗概率迭代公式并计算了 $2 \times 2 \times 2$ 型基元重整化时三维座逾渗模型的逾渗阈值为 $p_c = 0.279\,658$，较用 Monet Carlo 法计算得到的简单立方体座逾渗阈值 $0.311\,6$ 小。

对于二维平面的石墨多孔介质，可以将其孔隙结构转换成为二维点阵模型，那么，研究石墨多孔介质的二维孔隙结构特征就转化为研究其对应的二维格子点阵的逾渗特性。

实际上，从计算机图形技术角度分析，几乎所有的图形都以矩阵的形式进行存储和转换处理，对图形进行处理本质上是对图形对应的矩阵进行处理。因此，对石墨多孔介质图像分析处理，转换为对其对应的矩阵进行变换，通过图形处理软件和相关程序，首先将图形转换为二维格子点阵，对二维点阵进行重整化处理，达到研究孔隙结构的逾渗特性的目的。

3.5.2　石墨多孔介质孔隙的逾渗特征分析

选择 6 种试样的微观显微图片及压汞实验数据进行分析，其中 $1^\# \sim 4^\#$ 试样是过滤用石墨多孔介质，$5^\# \sim 6^\#$ 试样是浸渍强化用石墨多孔介质。分别从二维截面及三维立体角度分析多孔介质是否具有逾渗结构，步骤如下。

（1）选择放大倍数为 100 倍的显微照片，选择分析区域大小为 $512\,\mathrm{px} \times 512\,\mathrm{px}$[图 3-14(a)]。

 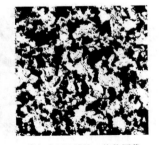

（a）512 px×512 px 的分析区域　　　（b）(a)区域的二值化图像

图 3-14　$3^\#$ 试样的分析区域及二值化图形

（2）利用 Matlab 软件编程完成阈值计算及二进制转换，得到二值化图像[图 3-14(b)]。

（3）读出图形的二维矩阵，并将矩阵取逆，因为在二值化图形中，白色表示骨架，在矩阵中用 1 表示，为了研究逾渗结构，要将孔隙用 1 表示，骨架用 0 表示。

（4）以 2×2 网格为原胞进行重整化处理，得到重整化处理结果。

（5）在 Matlab 中求解面孔隙率，与正方形逾渗阈值比较，并结合步骤（4）的重整化结果，分析多孔介质的二维截面是否具有逾渗结构。

（6）利用压汞实验结果求解体孔隙率，与简单立方体逾渗阈值比较，分析多孔介质的三维立体是否具有逾渗结构，求解结果如表 3-6 所示。

表 3-6　孔隙结构的逾渗分析结果

编号	1#	2#	3#	4#	5#	6#
像素区域	512 px× 512 px	512 px× 512 px	512 px× 512 px	512 px× 512 px	512 px× 512 px	512 px× 512 px
面孔隙率	0.541	0.508	0.549	0.575	0.314	0.189
阈值（正方形，座）	0.593 7					
阈值（正方形，键）	0.500					
重整化群结果	1	1	1	1	0	0
体孔隙率	0.315	0.273	0.297	0.324	0.155	0.107
阈值（简单立方体，座）	0.311					
阈值（简单立方体，键）	0.249					
是否具有逾渗结构	是	是	是	是	否	否

由表 3-6 可以看出，1#～4# 试样的面孔隙率小于正方形的座逾渗阈值，但是大于键逾渗阈值，并且重整化群结果为 1，表明从二维截面角度分析，1#～4# 试样具有逾渗结构；从压汞实验数据得到的体孔隙率比较，1#、4# 试样的体孔隙率大于简单立方体的键和座逾渗阈值，可以确定 1#、4# 试样具有逾渗结构，2#、3# 试样的体孔隙率虽然略小于座逾渗阈值，但都明显大于键逾渗阈值，表明从三维立体角度分析，2#、3# 试样同样具有逾渗结构。因此可以说明 1#～4# 试样具有长程联结性的逾渗结构。5#、6# 试样无论是从面孔隙率还是从体孔隙率方面分析，其值都小于键（或座）的阈值，并且重整化群结果为 0，说明

$5^{\#}$、$6^{\#}$试样不具备长程联结性的逾渗结构,介质内孔隙只是形成了局部相互联结的集团,未形成无限大的集团。

3.5.3 压汞实验过程中的逾渗现象

为了研究石墨多孔介质的孔隙结构,除了采用显微镜拍摄照片以外,用压汞仪测量孔隙结构也是一种有效的方法。根据压汞实验数据,结合数据分析软件,可以分析出石墨多孔介质是否具有逾渗结构,压汞各个阶段的理论浸汞量与实际浸汞量偏差,以及具有逾渗结构的孔隙结构的阈值压力,分析结果如下。

图 3-15 清晰揭示了压汞过程中的逾渗现象,刚开始加压时,由于压力不大,未达到突破孔隙阻力而进入孔隙的某个值,浸汞体积几乎都在 0.02 mL/g 附近,可以认为没有浸入汞液。当压力继续增加达到某个值后,浸汞量突然呈直线增加趋势。其中,$1^{\#} \sim 4^{\#}$ 试样为过滤用多孔介质,在压力(Psia)分别为 17.97、13.96、13.95、13.95 时累积浸汞量(mL/g)增加大到 0.221 0、0.175 8、0.203 1、0.232 4,此时汞液在孔隙中已经形成了逾渗网络结构,因为之后随着压力升高,浸汞量增加很少,曲线区域平坦,即使到最大压力值 30 000 Psia 处,累积浸汞量的增加值(Psia)也只是分别为 0.043 5、0.033 9、0.039 1、0.04,相对总的浸汞量来说可以忽略不计。

压汞实验的累积浸汞量随压力的变化关系曲线可以用逾渗理论很好解释,即当压力未达到逾渗阈值时,汞液在孔隙中呈少量的零星分布,未形成相互联通的大集团。当压力达到阈值后,浸汞量迅速增加,汞液突破了孔隙阻力,在孔隙中的分布体现出长程联结性,形成无限大的网络集团,呈现出典型的逾渗特征。汞液在孔隙中形成逾渗集团后,由于其具有无限大的联通性,即使增加压力到最大值,浸汞量也没有显著的增加,因为由于压力增加而新浸入的那部分汞液会促使孔隙中已经存在的汞液从网络结构的另一端流出,而孔隙中保持的汞液总量大致不变,从而也证明 $1^{\#} \sim 4^{\#}$ 试样具有逾渗结构。

$5^{\#}$、$6^{\#}$ 试样为浸渍用多孔介质,其累积浸汞体积-压力关系与 $1^{\#} \sim 4^{\#}$ 试样比较,相同之处在于都存在压力阈值,阈值以下浸汞量很小,压力达到阈值后浸汞量直线上升,不同之处体现在以下 3 个方面:

(1)浸汞量明显小于 $1^{\#} \sim 4^{\#}$ 试样,$5^{\#}$ 的最大值为 0.095 1 mL/g,$6^{\#}$ 的最大值为 0.093 mL/g。

(2)压力阈值很大,$5^{\#}$ 试样的浸汞量发生突变的阶段是从 0.025 mL/g(压力为 66 Psia)突增为 0.063 mL/g(压力为 88 Psia);$6^{\#}$ 试样的浸汞量发生突变

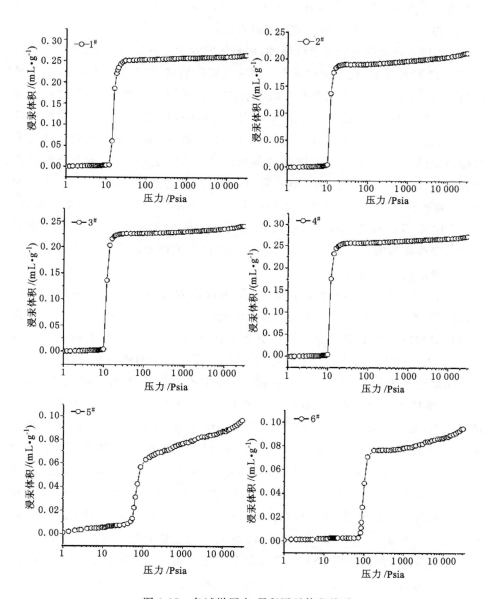

图 3-15　各试样压力-累积浸汞体积关系

的阶段是从 0.011 1 mL/g（压力为 86 Psia）突增为 0.070 9 mL/g（压力为 121 Psia），其压力阈值比 1#～4# 试样大很多。这是由于浸渍用多孔介质的孔隙率低（5#、6#试样的面孔隙率分别为 0.314、0.189），平均孔径小（5# 为 104.4 nm，6# 为 66.2 nm），因此要突破孔隙阻力需要的压力更大。

（3）压力达到阈值以后继续增加，而累积浸汞量也表现出明显的增加趋势。尤其以 5# 较为明显，浸汞量在压力达到阈值以后的增量仍然明显，没有呈现平坦的趋势，这是因为浸渍用多孔介质的孔隙率和平均孔径都较小，导致孔径分布均匀程度一般，同时孔径大小差异较大（这点从试样的微观结构照片可以证实）。因此，5#、6# 试样的孔隙结构并未形成相互联通、具有长程联结性的逾渗结构，只是局部孔隙形成了有限大的集团。当压力继续增加时，汞液能够进入孔径更小、阻力更大的孔隙中，但浸汞量不大，即使达到压力的最大值（30 000 Psia），累积浸汞量也未达到 0.1 mL/g，说明汞液在孔隙中并未呈现逾渗分布，5#、6# 试样不具有逾渗结构，这与前述分析（简单立方体的键逾渗阈值为 0.249，座逾渗阈值为 0.311，而 5#、6# 试样的体孔隙率分别为 15.5%、10.7%，不具有逾渗结构）一致。

虽然 5#、6# 试样不具有逾渗结构，但是在压汞过程中仍然体现出逾渗特征，这与周宏伟、谢和平等研究岩石多孔介质时压汞实验的现象类似，当某个孔径的孔隙数量在整个多孔介质中占有较大比例时，压力一旦突破该孔径的阻力，就有大量的汞液进入该当量孔径的孔隙，呈现明显的逾渗突变特征。

从阶段浸汞体积-孔径关系图（图 3-16）中也可以看出明显的逾渗特征。1#～4# 试样大部分汞液浸入时对应的孔径在 15 000～10 000 nm 左右，以 1# 试样为例，测试得到的最大孔径为 146 772 nm，最小孔径为 6.6 nm，其阶段浸汞体积在孔径 12 939.9 nm 时（0.056 9 mL/g）开始迅速增加，当孔径为 11 322.2 nm 时达到最大值（0.124 7 mL/g），当孔径小于 10 063.7 nm 时，阶段浸汞体积显著减小（0.035 3 mL/g），为 10^{-4} 级，这反映了孔径在 10 000 nm 时的孔隙占有相当大比例。实验得到的 1#～4# 试样中值孔径（体积）数据（nm）分别为 12 019.9、15 816.8、15 470.1、15 807.7，与上述分析一致。

5#、6# 试样的阶段浸汞体积-孔径关系同样表现出典型的突变特性，其阶段浸汞体积约为 1#～4# 试样的 1/10，大部分汞液浸入时对应的孔径为 3 000～1 000 nm，孔径大于 3 000 nm 或者小于 1 000 nm 时浸汞体积非常小，但是孔径小于 1 000 nm 时，其阶段浸汞体积曲线并不像 1#～4# 那样平坦，出现一定的反复，这正是由于 5#、6# 试样孔隙结构不具有长程联结的网络结构、分布不均匀所致，但仍可以看出孔径在 3 000～1 000 nm 范围的孔隙数量占据了大多数。

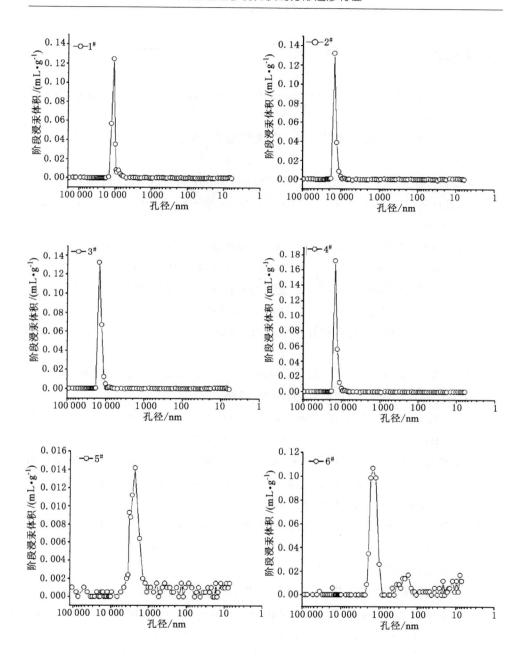

图 3-16　各试样阶段浸汞体积-孔径关系

参考文献

[1] Mandelbrot B B. The fractal geometry of nature [M]. San Francisco:Free-man,1982.

[2] 曼德尔布洛特. 分形对象:形、机遇和维数[M]. 北京:世界图书出版公司,1999.

[3] KATZ A J,THOMPSON A H. Fractal sandstone pores:implications for conductivity and pore formation[J]. Physical review letters,1985,54(12): 1325-1328.

[4] KROHN,CHRISTINE E. Fractal measurements of sandstones,shales,and carbonates[J]. Journal of geophysical research,1988,93(B4):3297.

[5] 杨金玲,李德成,张甘霖,等. 土壤颗粒粒径分布质量分形维数和体积分形维数的对比[J]. 土壤学报,2008,45(3):413-419.

[6] 王恩元,何学秋. 煤岩等多孔介质的分形结构[J]. 焦作工学院学报,1996,15 (4):19-23.

[7] DIAMOND S. Aspects of concrete porosity revisited[J]. Cement and concrete research,1999,29(8):1181-1188.

[8] SHAH S P,WANG K,WEISS W J. Mixture proportioning for durable concrete[J]. Concrete international,2000,22(9):73-78.

[9] MARTÍN MÁ,MONTERO E. Laser diffraction and multifractal analysis for the characterization of dry soil volume-size distributions[J]. Soil and tillage research,2002,64(1-2):113-123.

[10] TYLER S W,WHEATCRAFT S W. Fractal scaling of soil particle-size distributions:analysis and limitations[J]. Soil science society of America journal,1992,56(2):362.

[11] WHEATCRAFT S W,TYLER S W. An explanation of scale-dependent dispersivity in heterogeneous aquifers using concepts of fractal geometry [J]. Water resources research,1988,24(4):566-578.

[12] HORGAN. Mathematical morphology for analysing soil structure from images[J]. European journal of soil science,1998,49(2):161-173.

[13] WINSLOW D N. The fractal nature of the surface of cement paste[J].

Cement & concrete research,1985,15(5):817-824.

[14] ADLER P M,Thovert J F. Fractal porous media[J]. Transport in porous media,1993,13(1):41-78.

[15] 郁伯铭.分形介质的传热与传质分析(综述)[J].工程热物理学报,2003,24(03):481-483.

[16] YU B,CHENG P . Fractal models for the effective thermal conductivity of bidispersed porous media[J]. Journal of thermophysics and heat transfer,2002,16(1):22-29.

[17] PITCHUMANI R,YAO S C. Correlation of thermal conductivities of unidirectional fibrous composites using local fractal techniques[J]. Journal of heat transfer,1991,113(4):788-796.

[18] 张东辉.多孔介质扩散、导热、渗流分形模型的研究[D].南京:东南大学,2003.

[19] 张东辉,杨浩,施明恒.多孔介质分形模型的难点与探索[J].东南大学学报(自然科学版),2002,32(5):692-697.

[20] 王唯威,淮秀兰.基于分形理论的多孔介质导热分析[C]//中国工程热物理学会年会论文集.北京:中国工程热物理学会,2005.

[21] 韦江雄,余其俊,曾小星,等.混凝土中孔结构的分形维数研究[J].华南理工大学学报(自然科学版),2007,35(2):121-124.

[22] ALVARODO R F,ALVARODO V,GONZALEZ H. Fractal dimensions form mercury instrusion capillary tests[C]. Caracas:Society of Petroleum Engineers Press,1992.

[23] 郑洲顺,曲选辉.PIM 粉末颗粒的分形特征及其分形维数[J].中国机械工程,2003,14(5):436-439.

[24] TYLER S W,WHEATCRAFT S W. Fractalprocesses in soil water retention[J]. Water resources research,1990,26(5):1047-1054.

[25] 郁伯铭.多孔介质输运性质的分形分析研究进展[J].力学进展,2003,33(3):333-346.

[26] HUNT A G. Applications of percolation theory to porous media with distributed localconductances[J]. Advances in water resources,2001,24(3-4):279-307.

[27] 刘俊亮,田长安,曾燕伟,等.分形多孔介质孔隙微结构参数与渗透率的分

维关系[J].水科学进展,2006,17(6):812-817.

[28] HAMMERSLEY J M. Percolation processes:lower bounds for the critical probability[J]. The annals of mathematical statistics,1957,28(3):790-795.

[29] 刘伯谦,吕太.逾渗理论应用导论[M].北京:科学出版社,1997.

[30] ZALLEN R,PENCHINA C M. The physics of amorphous solids[J]. American journal of physics,1998,54(9):862-863.

[31] SIMON R,KELSEY F J. The use of capillary tube networks in reservoir performance studies:Ⅰ.equal-viscosity miscible displacements[J]. Society of petroleum engineers journal,1971,11(2):99-112.

[32] SAHIMI M. Flow phenomena in rocks:from continuum models to fractals,percolation,cellular automata,and simulated annealing[J]. Reviews of modern physics,1993,65(4):1393-1534.

[33] BERKOWITZ B,BALBERG I. Percolation approach to the problem of hydraulic conductivity in porous media[J]. Transport in porous media,1992,9(3):275-286.

[34] ANDRADE J,STREET D A,SHINOHA T,et al. Percolation disorder in viscous and non-viscous flow-through porous media[J]. Physical review E,1995,51(6):5725-5731.

[35] STANLEY H E,JOSÉ S,ANDRADE J R,et al. Percolation phenomena:a broad-brush introduction with some recent applications to porous media,liquid water,and city growth[J]. Physica A,1999,266(1-4):5-16.

[36] MÉSZÁROS C S,FARKAS I,BÁLINT Á. A new application of percolation theory for coupled transport phenomena through porous media[J]. Mathematics and computers in simulation,2001,56(4-5):395-404.

[37] 张东辉,芮孝芳,施明恒.逾渗模型阈值附近的非线性特性[J].自然科学进展,2006,16(7):803-809.

[38] 冯增朝,赵阳升,吕兆兴.二维孔隙裂隙双重介质逾渗规律研究[J].物理学报,2007,56(5):2796-2801.

[39] 杨瑞成,羊海棠,彭采宇,等.逾渗理论及聚合物脆韧转变逾渗模型[J].兰州理工大学学报,2005,31(1):26-30.

[40] 梁正召,唐春安,唐世斌,等.岩石损伤破坏过程中分形与逾渗演化特征

[J].岩土工程学报,2007,29(9):1386-1391.

[41] 金龙,王锡朝.岩石材料渐变破裂的重正化群方法研究[J].石家庄铁道学院学报,2001(4):47-50.

[42] 贾向明,杨其,李光宪,等.填充型导电高分子复合材料的逾渗理论进展[J].中国塑料,2003(6):9-14.

[43] 崔家岭.威耳逊的临界点相变的重正化群理论[J].物理,2000,29(07):424-428.

[44] 于渌,郝伯林.相变和临界现象[M].北京:科学出版社,1992.

[45] 王浩,张东明,尹光志.重正化模型及其在岩石失稳破坏中的应用[J].重庆大学学报,2005,28(2):124-127.

[46] 马致考.重正化群方法及应用[J].西北大学学报(自然科学版),1998(1):33-36.

[47] 周宏伟,谢和平.岩土介质渗流的重正化群研究[J].西安矿业学院学报,1998(2):1-6.

[48] TURCOTTE D L,BROWN S R. Fractals and chaos in geology and geophysics[J]. Physics today,1993,46(5):68-68.

[49] 吕兆兴.孔隙裂隙双重介质逾渗理论及应用研究[D].太原:太原理工大学,2008.

4 煤基多孔介质结构精细表征与有限元构造

4.1 引言

在过滤、吸附、浸渍、催化等领域中,孔隙结构通过影响流体在多孔炭/石墨介质流动和渗透性能,进而影响多孔炭/石墨制品的品质和工业应用效果[1-3]。孔隙结构的精准表征和模型构造是当前多孔介质领域的研究热点之一,由于多孔介质的孔隙结构展现出典型的非均质性和随机性,准确表征其孔隙结构非常困难,通常采用简化模型进行研究,如采用毛细管模型、水力半径模型、阻尼模型等,通过数值方法获得模拟结果[4-6]。数值模拟结果通常与实验结果存在不同程度的误差,需要采用增加修正系数的方法进行完善。对于实际应用中不同结构特征的多孔介质,通常需要不同的修正系数才能获得较为接近于真实值的结果。

在多孔介质孔隙结构的实验测定方面,压汞法[7-8]和低温氮气吸附法[9-10]是测量多孔介质孔隙结构的常用方法。诸多研究人员应用这两种方法对煤基多孔介质孔隙结构进行了测量和表征,获得了良好成果[11-13]。但这两种方法检测范围有限,只能测量连续贯通的孔隙结构,而对非连续的孔隙,尤其是部分独立存在的"死孔"无法测量。此外,利用压汞法进行孔隙结构测量时,需要施加较大的压力,存在极大的反渗透压力,有破坏材料原有孔隙结构完整性的风险。还一种方法是利用扫描电镜(SEM)或场发射扫描电镜(FSEM)对多孔介质的微观组织进行扫描表征,然后利用软件对测量结果进行统计分析,获得表征孔隙结构的参数[14-16]。该方法比较适用于多孔介质的平面测量和统计(如面孔隙率),因为扫描电镜主要扫描试样的表面区域获得图像信息,只能描述二维平面结构特征,如孔隙类型、孔隙分布和面孔隙率等,无法实现多孔介质的三维结构测量和表征。

在多孔介质重构研究中,常用的模型有毛细管模型(capillary model)[17-18]、孔道网络模型(porous-network model)[19]、分形模型(fractal model)[20];常用的物理重构方法有 CT 扫描法[21]和序列切片组合法[22];常用的数值构造方法有高斯场法(Gauss field)[23]、模拟退火算法(simulated annealing method)[24]、过程模拟法(process simulation method)[25]、马尔可夫链-蒙特卡洛(Markov chain-Monte Carlo,MCMC)法[26]等。这些模型和方法有效地推动了多孔介质结构重建的发展。

随着计算机和测量技术发展,计算机断层扫描(CT)技术、聚焦离子束-扫描电镜(FIB-SEM)、核磁成像(MRI)等技术在工业应用中越来越广泛[27-29]。尤其是 CT 技术的工业应用,有效弥补了现有测量技术存在的不足,推动了多孔介质的三维结构测量与表征进步[30-32]。

近年来发展起来的聚焦离子束(FIB)技术配合扫描电镜(SEM)等高倍数电子显微镜,成为纳米级分析的主要方法。FIB-SEM 系统通过聚焦离子束与扫描电子显微镜耦合成为双束系统,通过结合相应的气体沉淀装置、纳米操纵仪、各种探测器及可控的试样台等附件成为一个集微区成像、加工、分析、操纵于一体的分析仪器,广泛应用于三维成像与分析、透射电镜(TEM)试样的制备、半导体集成电路修改、切割和故障分析等。目前该分析方法已被广泛应用于材料科学、地质学、生命科学等学科和领域。

本章以煤基多孔炭材料为研究对象,考虑孔隙结构的量级,利用 CT 扫描技术,对多孔炭的二维及三维孔隙结构进行测量,以获得真实的孔隙结构和特征参数,通过重构技术和可视化处理,获得试样三维结构,通过特征体元提取和网格化处理,获得精准的、可直接用于后续 CFD 计算的有限元模型。

4.2　多孔炭的二维结构表征

4.2.1　X-CT 扫描技术

X 射线照相可直接得到的投影数据图像,如图 4-1 所示。CT 系统通过不同角度的投影数字图像,由重建算法得到不重叠的断层图像,其实质是获得特定能量 X 射线下某个断面的线衰减系数分布,再以图像的形式表现出来,即 CT 图像。CT 扫描系统如图 4-2 所示。

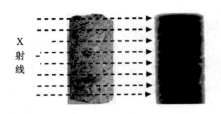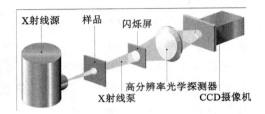

图 4-1　X 射线照相示意图　　　　图 4-2　CT 系统扫描系统示意图

影响 CT 图像质量的主要因素是 CT 图像的分辨率和图像伪影。CT 系统的分辨能力主要体现在密度分辨率（对比度分辨率）和空间分辨率（几何分辨率）方面。影响密度分辨率的主要因素是信噪比，噪声的来源主要包括射线源的量子噪声、电子元件噪声以及重建算法造成的反映在图像上的噪声，其中量子噪声影响所占比例最大。能够反映辨别 CT 图像中最小物体能力的变量称为空间分辨率。影响空间分辨率的主要因素有：探测器成像面的尺寸、射线源到试件的距离、射线源到探测器间的距离、射线源焦点的尺寸、机械转台的精度、图像数据校正和重建算法是否合适等。密度分辨率和空间分辨率都会影响 CT 系统的成像质量。在一定的辐射剂量下，要同时获取良好的空间分辨率与密度分辨率是矛盾的。同一被测物体，拍摄的视场大小不同时，相关的密度分辨率也会随之变化。

4.2.2　煤基多孔炭 CT 扫描实验

如图 4-3(a) 和表 4-1 所示，成都润封电炭有限公司为实验提供了不同孔隙率的煤基多孔炭试样，选取 6 种不同类型、不同规格的试样进行实验测定。

(a) 多孔炭原始试样　　　　(b) μ-CT 扫描试样　　　　(c) 常规物理实验试样

图 4-3　多孔炭试样

表 4-1　厂家提供的试样参数　　　　　　　　　　单位：%

试样序号	1	2	3	4	5	6
孔隙率	30.4	25.6	2.5	1.5	3.7	7.3
碳含量	95.73	100.00	92.28	89.30	90.50	95.57

采用图 4-4 所示的高分辨率三维 X 射线显微成像系统（3D-XRM）对多孔炭进行扫描测量。系统硬件包括：X 射线源、载物台、试样座、物镜（耦合有闪烁体）、CCD 相机以及滤镜等部件；软件包括 Count and Scan Control System 数据采集软件、XMReconstructor 三维断层扫描图像重构软件、XM3DViewer 软件、XMController 软件、手动重构和拼接软件等。

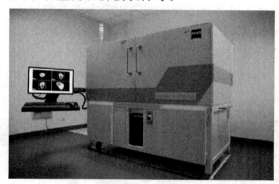

图 4-4　Xradia 510 Versa 高分辨三维 X 射线显微成像系统

首先从大块煤基多孔炭试样上切取数块满足仪器要求的标准长方体试样［图 4-3(b)］，保存一块用于 CT 扫描。然后从其他立方体试样中用小尺寸钻头钻取直径约 3 mm 多孔炭柱［图 4-3(c)］，用于常规物理实验，以便在后续的研究中与重构模拟得出的数据作对比。

将制备好的多孔炭试样固定于三维显微镜试样台上。其中，x、y、z 及 r 4 个坐标可以用于调整试样台的位置。试样台在测试过程中发生旋转时，应保持煤基多孔炭试样与试样台的位置不变，从而保证数据能实现高精度的重建。测试开始前，对各参数进行设置，选择探测器镜头为 0.4×，固定 X 射线源与试样台到相机间的距离分别为 26 mm 和 20 mm，扫描电压和电流分别设置为 50 kV 和 80 A，扫描帧数选定为 1 024 张，曝光时间为 4.5 s。对 6 个煤基多孔炭试样进行 CT 扫描，每个试样可获得 1 024 张 1 024 px×1 024 px 的 16 位二维灰度切片图(图 4-5),扫描得到的试样体孔隙率,如表 4-2。

表 4-2　扫描得到的试样参数　　　　单位:%

试样序号	1	2	3	4	5	6
孔隙率	25.73	23.7	3.2	1.7	4.23	7.5

对图 4-5 进行初步分析发现,在多种因素的影响下,煤基多孔炭形成的孔隙结构存在较大的差异,孔隙大小及分布情况有所不同,个别炭基质中还存在着高密度矿物质。图 4-5 的扫描照片中,黑色为孔隙,灰色为炭基质骨架,高亮色代表煤基多孔炭中的高密度组分。由图中煤基多孔炭扫描切片的对比可看出,6 号多孔炭试样内部孔隙几乎都为微小孔隙且分布密集;1 号、2 号多孔炭试样内部孔隙尺寸相对较大,但 1 号试样的内部孔隙分布比较零散;3 号、4 号、5 号多孔炭试样的内部孔隙结构几乎没有,只有成型过程中产生的零星气孔;3 号、4 号多孔炭试样的内部存在高亮色的高密度组分,预计是多孔炭烧制过程中煤基料所带入的矿物成分。

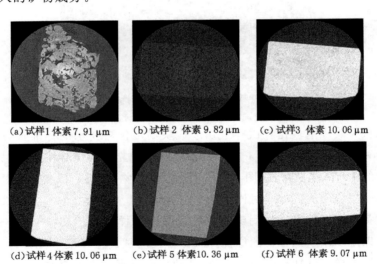

(a)试样1 体素7.91 μm　　(b)试样 2 体素9.82 μm　　(c)试样3 体素 10.06 μm

(d)试样4 体素10.06 μm　　(e)试样 5 体素10.36 μm　　(f)试样 6 体素 9.07 μm

图 4-5　多孔炭试样的 CT 扫描图片

4.2.3　基于 CT 扫描图像的多孔炭结构表征

通过获得的多孔炭二维 CT 扫描图像,可以直接观察试样孔径的大小及孔径分布。为了进一步获得孔隙结构特征,需对 CT 图像进行处理与分析。通过图像前处理、图像分析和自定义特征量整合等操作,去除测试环境和仪器固有噪声。对处理后的图片进行对比度调节、图像滤波处理和图像灰度阈值分割二值化处理,将孔隙结构和基质骨架分离开来,提取孔隙结构信息。

为了能有效地减少人眼或机器在识别图像时受到一些无用信息的干扰,图像往往需要经过一定的处理,即对比度的调节,使图像更适于识别与分析。图 4-6 显示的是经过处理后试样 2 的 CT 图像以及各自的灰度直方图。通过图像灰度线性拉伸,图片内骨架基质与环境的灰度差异突出,使炭骨架与孔隙边缘形状凸显出来。从灰度直方图可以看出,拉伸后的灰度图片范围变大,峰值不变。

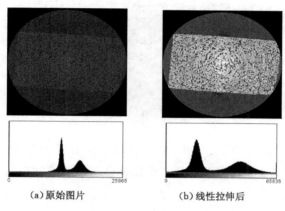

(a) 原始图片　　　　　　(b) 线性拉伸后

图 4-6　试样 2 的 CT 图像增强效果

CT 扫描过程中的操作环境对 CT 图片质量造成的影响如图 4-7 所示,几乎每一组图片的前十几张 CT 扫描图片的中心亮斑都显得突出,最后十几张 CT 扫描图片从四周开始向内灰度逐渐偏暗。经分析,CT 扫描图片的中心高亮斑是由于开始的射线在试样上表面扫描时光束扩散不均匀所导致的;灰度暗淡是由于底部靠近载物台部分射线无法穿透而导致信号采集不足。这两种扫描误差,对基于灰度值来区分试样物相的图形处理技术得出分割结论有较大的影响。基于 1 024 张图片的大基数,为了不影响之后物相分割中划分阈值选取与孔隙率表征的准确性,把灰度误差较大的图片移除,移除之后每组图片量在 950 张左右,对多孔炭试样整体孔隙结构分析表征的影响可以忽略不计。

由于炭的物理性质,切割出来用于 CT 扫描测试的多孔炭试样形状边缘不规则,为了尽可能地方便之后的阈值划分、三维重构及定量分析,划分出在 CT

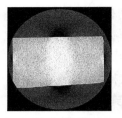 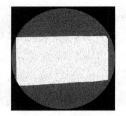 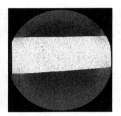

（a）中心高亮　　　　　　（b）正常图片　　　　　　（c）四周暗淡

图 4-7　图像筛选

图片试样区域内的最大内接长方形区域用于之后的研究分析，如图 4-8 所示。

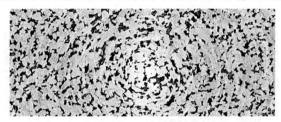

图 4-8　试样 2 的区域划分 780 px×328 px

此外，由于 CT 扫描的过程中会产生噪声，因此需要进行滤波处理以提高图像的质量。图 4-9 是对于多孔炭二维图像进行中值滤波法后 CT 图片的局部对比，中值滤波选择 3 邻域，图像体素 9.82 μm。可以看出使用中值滤波法[33]进行多孔炭二维图像的平滑处理操作，能得到较好质量的多孔炭二维图像，基质内部的细微裂隙以及内蚀气孔被填充，孔隙结构的尖锐边缘向圆滑曲面过渡，图片内由于射线量不足导致剂量降低而造成的环状伪影也被滤波平滑。中值滤波消除了部分 CT 扫描设备运行误差对图片的影响，让 CT 图像提供的参数信息更加真实可靠。

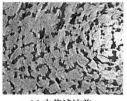 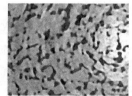

（a）中值滤波前　　　　　　　　　（b）中值滤波后

图 4-9　图像中值滤波

为了将 CT 图片中的多孔炭的孔隙结构与炭基质区别开来,需要对图片进行阈值分割。图 4-10 展示的是试样 6(选择区域 200 px×200 px)通过不同的阈值处理方法设定阈值进行孔隙分割二值化的结果对比。图 4-10(a)是经过对比度调节,中值滤波后的 CT 图像。图 4-10(b)是对图 4-10(a)进行阈值划分后的图像。图 4-10(c)是使用迭代阈值处理方法处理后的图像。图 4-10(d)是使用 Otus 阈值处理方法进行阈值处理后的图像。通过这 4 张图片的对比可以看出,不同的阈值处理方法选定的分割阈值对孔隙率及孔隙结构特征的定量计算有很大的影响。试样 6 的真实孔隙率为 7.3%。最后选用迭代阈值分割法对 6 组多孔炭试样进行阈值分析,确定孔隙灰度值的范围。

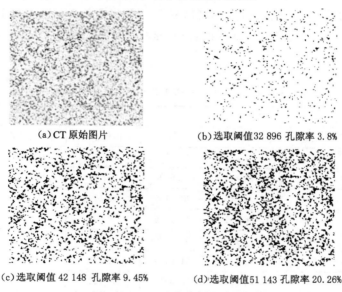

(a)CT 原始图片　　　　　　(b)选取阈值32 896 孔隙率 3.8%

(c)选取阈值 42 148 孔隙率 9.45%　　　(d)选取阈值51 143 孔隙率 20.26%

图 4-10　不同阈值划分后的孔隙率

对二维 CT 图像进行阈值分割处理时,灰度值在所设阈值之下的部分为孔隙;灰度值在所设阈值之上的部分视为被测试试样的固体骨架。基于 CT 图像的阈值分割,需要对 CT 图像进行灰度二值化处理,像素点的值介于 0 到 1 之间。试样的 16 位 CT 图像的灰度范围位于 0~65 535 之间,其采集的图像像素大小为 $M×N$。假定试样孔隙的灰度区间与实体的灰度区间不存在任何的相交,则即可统计出二维图像中可以归纳为孔隙灰度的像素点数 N_p,以及实体的像素点数 N_c,通过计算被测试样 CT 图像中设定为孔隙的像素点个数与图片像素点的总个数之比,即可得到被测试样单张 CT 图像的面孔隙率。孔隙的面孔径采用圆面积公式求解,而孔隙的三维孔径因多孔炭孔隙内结构并非规则球体,而是不规则的多面体组合,采用目前应用最广的等效球体积的方法可求出。

对孔隙结构等参数进行简单描述后,接下来进一步对试样的孔隙率、孔径、孔径分布等进行统计分析。对实验测得的 6 组各 1 024 张显微 CT 扫描图像预处理后,按照图像序号计算每张 CT 二维图像的面孔隙率。表 4-3 所示为试样 1 和试样 2 的前 10 张 CT 扫描图像的面孔隙率。研究基于各组全部的多孔炭 CT 图像的孔隙率进行统计,结果表明:试样 1 的单张最大面孔隙率为 38.15%,最小面孔隙率为 22.37%,整体面孔隙率均值为 27.96%;样品 2 的单张最大面孔隙率为 29.25%,最小面孔隙率为 21.36%,整体面孔隙率均值为 23.31%。对表面开始的前 10 张图像进行比较,试样 1 的单张图像面孔隙率比试样 2 的高 4.43%~6.98%,从以上信息可以看出,试样 1 的整体面孔隙率比试样 2 的高 4.65%。

表 4-3 试样 1 与试样 2 单张图片孔隙率参数

图像序号	试样 1			试样 2		
	孔隙像素/px	骨架像素/px	φ_1	孔隙像素/px	骨架像素/px	φ_2
1	94 123	187 521	34.15%	71 030	188 521	27.37%
2	91 271	188 215	32.66%	72 340	185 060	28.10%
3	89 931	190 110	32.11%	69 179	187 318	26.97%
4	88 398	186 391	32.17%	69 582	181 781	27.68%
5	89 295	183 168	32.77%	69 887	186 203	27.29%
6	89 317	193 230	31.61%	69 325	185 756	27.18%
7	90 127	188 736	32.32%	68 932	188 728	26.75%
8	88 591	189 361	31.87%	67 842	187 217	26.60%
9	89 978	187 496	32.43%	63 381	195 505	24.48%
10	88 826	182 470	32.74%	65 061	187 520	25.76%

注:$\varphi_{1max} = 38.15\%$,$\varphi_{1min} = 22.37\%$,$\varphi_{1ave} = 27.96\%$;$\varphi_{2max} = 29.25\%$,$\varphi_{2min} = 21.36\%$,$\varphi_{2ave} = 23.31\%$。

从单张面孔隙率整体分布上看,试样 1 中的面孔隙率的起伏波动大,离散程度高,从相邻面孔隙率的变化趋势可以看出该多孔炭内部的孔隙通道的孔径变化更加复杂多变。表面大孔隙对于吸附过程中气体的引入具有导向作用。相比而言,试样 2 中的面孔隙率分布比较均匀,波动幅度不大,构造该试样内部整体孔隙时的对成孔剂的填充以及烧结温度与时间的把控精准恰当,形成的整体孔隙效果均匀稳定,适合浸渍金属介质形成炭/石墨产品。试样 1 两端的高面孔隙率也有可能是由于制样方式、测试分析及图像处理阈值选择的误差所导致的,通过再次提取原样,试样 1 的高面孔隙率与本身及试样截取的位置有关。

通常来说,多孔介质的微孔直径应小于 1 μm,细孔直径在 10 μm 到 50 μm 之间,宏孔直径大于或等于 50 μm。实验发现,通过 CT 图像进行多孔炭孔隙结构的二维分布表征,受到 CT 扫描设备基础分辨率的影响。测得的 6 组 CT 扫描图片的分辨率在 10 μm 左右。导入进行过阈值分割提取出孔隙参数的图像,在计算孔径之前,先通过软件处理将图片像素尺寸转化为实际尺寸,然后计算周长、面积等参数,获得相关数据。图 4-11(a)、(b)分别是试样 1 及试样 2 的面等效孔径的分布直方图。经统计,试样 1 的一号扫描图片中有孔隙 243 个,最小等效直径为 8.93 μm,最大等效直径为 957.35 μm,平均等效直径为 85.24 μm;试样 2 的一号扫描图片中有孔隙 1 269 个,最小等效直径为 11.08 μm,最大等效直径为 467.61 μm,平均等效直径为 54.93 μm。如表 4-4 所示,该批次多孔炭试样的面孔隙等效直径在 10~200 μm 的区间范围内占有很大比重,在相同体积的情况下试样 2 的孔隙尺寸比试样 1 更加细小,密集。1# 试样的孔隙率占比高是由于其内部存在大孔隙尺寸的孔隙结构集团,最大的孔隙等效直径接近 1 mm,大孔隙的存在保障了流体在孔隙中有较小的流动损失。

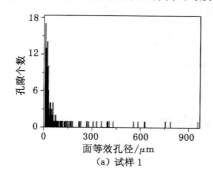 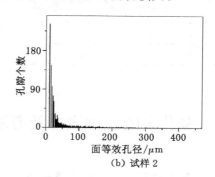

（a）试样 1　　　　　　　　（b）试样 2

图 4-11　面等效孔径分布直方图

表 4-5 所示为试样面孔隙形状系数统计。经统计,试样 1 最小形状系数为 0.082,最大形状系数为 1.57,平均形状系数为 0.87;试样 2 最小形状系数为 0.056,最大形状系数为 1.57,平均形状系数为 0.92。一般图形的形状系数不超过 1,但本组数据中出现了少量的大于 1 的形状系数,经研究,形状系数大于

1 的孔隙等效直径都小于 50 μm，问题出在 Image J 软件的周长导入识别上，过小孔隙面积的周长的一些像素点被忽略，导致读取出的周长参数过小，试样 1 的扫描图片上一个像素点代表的是 7.91 μm，在极小尺寸范围的情况下，稍微有点失误就能造成极大的误差，忽略大于 1 的形状系数进行形状系数的重新统计，试样 1 最小形状系数为 0.082，最大形状系数为 0.995，平均形状系数为 0.63；试样 2 最小形状系数为 0.056，最大形状系数为 0.98，平均形状系数为 0.58。形状系数越接近于 1 其孔隙的面形状越相似于圆形，虽然试样 1 的整体孔隙尺寸波动较大，但其孔隙通道的整体圆整度很高。对于孔隙内部的渗透能力及吸附能力，在不考虑孔隙连通状态的情况下，试样 1 在孔隙结构参数方面要优于试样 2。

表 4-4　面孔径统计

试样	面孔隙总个数	孔隙等效直径分类/μm				
		<50	50~100	100~200	200~500	>500
1	243	145	46	29	15	8
2	1 769	857	193	163	56	0

表 4-5　面孔隙形状系数统计

试样	面孔隙总个数	孔隙形状系数分类					
		<0.5	0.5~0.75	0.75~1	1~1.25	1.25~1.5	>1.5
1	243	42	46	58	63	9	25
2	1 769	271	242	197	222	73	264

4.3　多孔炭的三维表征及有限元构造

4.3.1　多孔炭孔隙结构的三维表征

X 射线三维显微镜结合了传统 CT 成像技术和显微镜技术的优点，是一种精度较高、适用范围较广的三维透视显微成像系统。通过系统计算可得到不同角度下的各个投影参数值，随后通过图像重构算法将数据转变为三维灰度图像，其中较为典型的算法有迭代算法和 FDK（Feldkamp、Dowis、Kress 三人名字的首字母）重建算法。扫描试样中密度各不相同的不同组元在构建的三维灰度图像中展现出相异的灰度值,由此便可区分出多孔炭试样中的孔隙和基质。工作时,设备主要参数为:X光管电压为 $30 \sim 160$ kV;X光功率 $2 \sim 10$ W;探测器放大倍数为 $0.4\times$,$4\times$ 和 $20\times$;3D空间分辨率范围 $0.5 \sim 55$ μm。阳极因受到阴极发出的强烈电子束而生成X射线,当射线穿透试样时,在各个不同的角度面暂停并由接收器采集到1 000余张二维的投影图像,如图4-12所示。

（a）第1张二维投影图像　　　　（b）第1 000张二维投影图像

图4-12　二维投影图像

投影图像通过三维可视化软件被组合在一起后形成物体的3D结构[46],如图4-13所示。图4-13(a)为未渲染图,图4-13(b)为渲染后的图像,图4-13(c)、(d)分别为三维立体结构顶部与底部渲染图。

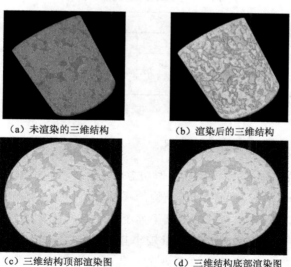

（a）未渲染的三维结构　　　　　　（b）渲染后的三维结构

（c）三维结构顶部渲染图　　　　　　（d）三维结构底部渲染图

图4-13　多孔炭的三维结构

在获得多孔炭三维结构后,利用软件对孔隙结构参数进行统计,结果如表 4-6 所示,其中试样 1 的一号扫描图片中有孔隙 243 个,最小等效直径为 8.93 μm,最大等效直径为 957.35 μm,平均等效直径为 85.24 μm;试样 2 的一号扫描图片中有孔隙 1 269 个,最小等效直径为 11.08 μm,最大等效直径为 467.61 μm,平均等效直径为 54.93 μm。该批次多孔炭试样的面孔隙等效直径在 5~200 μm 区间范围内的占有很大比重,在相同体积的情况下试样 2 的孔隙尺寸比试样 1 更加细小密集。试样 1 的孔隙率占比高是由于其内部存在大孔隙尺寸的孔隙结构集团,最大的孔隙等效直径接近 1 mm,大孔隙的存在保障了流体在孔隙中有较小的流动损失。试样 1 最小形状系数为 0.08,最大形状系数为 0.99,平均形状系数为 0.63;试样 2 最小形状系数为 0.06,最大形状系数为 0.98,平均形状系数为 0.58。越接近于试样 1 其孔隙的面形状越相似于圆形,虽然试样 1 的整体孔隙尺寸波动较大,但其孔隙通道的整体圆整度很高。经统计,试样 1 的孔隙率为 25.73%,试样 2 的孔隙率为 23.7%,由孔径分布规律和孔隙率可得出试样 1 孔隙分布均匀,试样 2 孔隙的小孔隙较多,试样 1 的孔隙发达程度略高于试样 2 的。

表 4-6　单元体尺寸对孔隙率的影响

试样编号	孔隙总数	孔隙直径 d/μm					d_{min} /μm	d_{max} /μm	d_{ave} /μm	φ_{min} /%	φ_{max} /%	φ_{ave} /%
		<50	50~100	100~200	200~500	>500						
1	243	145	46	29	15	8	8.93	957.35	85.24	0.08	0.99	0.63
2	1 269	857	193	163	56	0	11.08	467.61	54.93	0.06	0.98	0.58

4.3.2　多孔炭孔隙结构的三维重构

多孔材料的三维重构主要有 2 种方法:一种是表面重建,即通过选用一定数量的几何单元,实现对物体三维结构的拼接;另一种是体积重建,即选用一定颜色和透明度的体像素,将其投影到平面上用于重构物体的三维结构。两种方法各有利弊,表面重建所需的计算量较小且拼接图案的清晰度较高,但需要更高的边缘检测精度;体积重建的优势在于其对中间面的构建没有硬性要求,直接基于体数据进行显示,完全保存下体素中的微信息,可有效避免重建过程中可能发生的伪像现象。为了更加精准地呈现多孔炭孔隙结构的特征,采用体积绘制法对多孔炭试样进行三维重建。

Avizo软件是一种极具人性化的可视化工具,其优势在于可以在较短的时间内实现快速探索、定位以及分析所需的3D数据。因此,我们可以利用Avizo软件对处理后的CT图像进行三维体重建,建立三维真实孔隙结构模型,流程如图4-14所示。

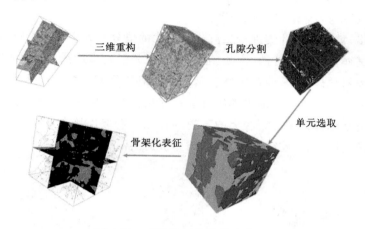

图4-14 多孔炭三维模型重建过程

通过Avizo软件导入预处理之后的二维CT局部扫描灰度图,即可进行数据预处理、分割、三维重构等操作。首先进行可视化与探索,基于灰度值对平面二维图像进行渲染,将原始三维图像进行体累加,得到近似于原试样的灰度三维立体图像,两个试样体渲染后的三维图像效果如图4-15所示。

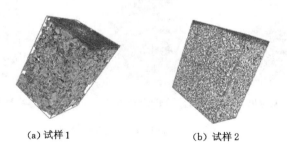

(a)试样1   (b)试样2

图4-15 CT图片原始三维图像

作为对CT图像处理的有效补充,Avizo软件常被用于对图像进行基于腐蚀和膨胀的开运算和闭运算处理。一方面,腐蚀会减弱X射线强光带来的像素点之间的亮度台阶式变化,膨胀则连接图像上的不规则边缘及内部缝隙,对图像处理是有利的。另一方面,过度使用图像处理技术有导致采集信息严重丢失和信息失衡的风险。经反复试验,经过开运算与闭运算之后的三维体结构边缘严重立方化,大量的原有实际孔隙被闭孔填充,大大减少了煤基多孔炭内部的孔隙个数,缩小了原有试样的孔隙直径,会对结果造成不利影响,多孔炭试样不适用于开运算与闭运算的图像处理。

下一步,需要对图片集进行二值化交互式阈值分割处理。图 4-16 与图 4-17 分别是对试样 1 与试样 2 的 CT 二维图像阈值分割处理后的三维物相分割图,深色区域表示试样骨架,浅色区域表示孔隙。对二维 CT 扫描图像进行多物相分割处理的原理基于的是形态学的分水岭算法。在二值化分割物相之后,还可以通过分离目标操作来分割较大的不规则孔隙及看似连接在一起的孔隙群落,为后续等效孔隙直径及连通率的提取与分析提供便利。

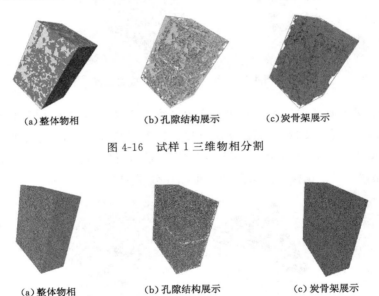

(a)整体物相　　　　　　(b)孔隙结构展示　　　　　　(c)炭骨架展示

图 4-16　试样 1 三维物相分割

(a)整体物相　　　　　　(b)孔隙结构展示　　　　　　(c)炭骨架展示

图 4-17　试样 2 三维物相分割

试样三维物相分割后,如果直接用分割后的孔隙结构进行计算则会导致计算量复杂、网格划分困难等问题,因此就需要选用合适的表征单元体 REV。不同的固体试样所要选取的表征单元的大小不同,较大的表征单元体对模拟计算的运存量就较高,特性曲线以及测试结果也就越复杂,因此,选择一个既能代表材料的整体特性又能同时满足计算机运算条件的单元体就非常重要。

首先,分析不同边长下各立方体的孔隙率,构建边长与孔隙率之间的对应关系,以此来确定稳定状态下的表征单元的最佳尺寸。然后,在三维空间内随意选取一个空间节点作为立方体的中心位点,构建一个边长数较小的立方体模型,随即记录下该立方体的孔隙率。保持该中心位点的位置不变,逐渐加大立方体的边长数,同样记录下各个立方体的孔隙率。通过构建不同边长数与孔隙率之间的关系,找到两者的相应变化规律。变化中心位点,重复几次以上各个步骤。选取稳定状态下最小几何单元作为表征单元体。图 4-18 给出了三维数字岩芯模型中任意一个点的表征单元体分析示意图。

(a) 选定坐标及范围　　　　　　　(b) 提取单元体

图 4-18　表征单元体分析示意图

通过体积编辑,从整块三维模型上对不同尺寸大小的单元体进行提取,并通过材料统计进行单元体孔隙率的计算。

由图 4-19 可知,单元体边长尺寸在 0~100 体素的范围内,随着表征尺寸的增长煤基多孔炭试样的孔隙率发生较大变化,当表征尺寸大于 120 体素时孔隙率变化趋于平稳,则该稳定值即为表征单元体的最佳边长尺寸,但是对于不同试样的稳定值并不完全相同,考虑到不同试样的差异性,本节选取尺寸为 200 px×200 px×200 px 的表征单元作为研究对象,进行有限元模型构造。

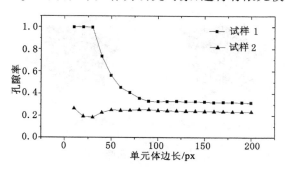

图 4-19　单元体尺寸与孔隙率关系曲线

对表征单元体进行二值化处理，使其孔隙结构与炭骨架分离，如图 4-20、4-21所示。

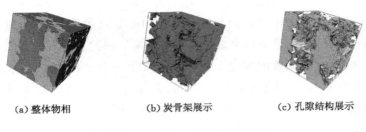

(a) 整体物相　　　　　(b) 炭骨架展示　　　　　(c) 孔隙结构展示

图 4-20　试样 1 单元体相分割

(a) 整体物相　　　　　(b) 炭骨架展示　　　　　(c) 孔隙结构展示

图 4-21　试样 2 单元体相分割

单元体相分割完成后，通过自动骨架功能对表征单元体的孔隙结构模型进行骨架化，建立中轴线模型[34]，表征单元体中轴线的模型如图 4-22 所示。在建立中轴线模型之后，通过最大球算法对中轴线模型进行填充扩展，得到理想的多孔介质孔隙模型，如图 4-23 所示。

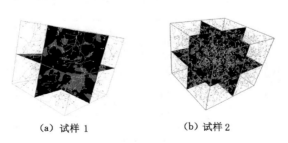

(a) 试样 1　　　　　　　(b) 试样 2

图 4-22　骨架化孔隙结构

(a) 试样 1　　　　　　　　　　　　(b) 试样 2

图 4-23　三维模型效果图

4.3.3　多孔炭的有限元模型构建

在多孔炭中,相互连通的孔隙才是流体能够流动的通道,三维孔隙结构的获取对研究多孔炭的渗流、吸附、过滤等流体流动现象具有重要意义。此外,多孔炭基质中的大多数孔隙尺寸处于微观水平,而通过实验方法直接获得多孔炭内微观尺度上的渗流过程非常困难。CT 技术可获得多孔炭微观孔隙结构的几何形貌和空间分布,为探索流体在多孔炭中的流动特征提供了条件。在基于真实三维孔隙结构的数值模拟方法中,首先需要建立接近真实结构、能够被 CFD 方法(软件)识别的有限元模型。然而,由于 CT 的高分辨率,CT 技术获得的三维孔隙结构呈现极其复杂的形态,对 CFD 软件和模拟效果都形成了巨大挑战,因此需要探索一种高效的基于三维孔隙结构的模拟方法,减轻 CDF 模拟计算过程的复杂程度和难度。

通过在表征单元体中提取连通孔隙,利用筛选操作将表征单元体内的孔隙孤岛删除,然后通过平滑功能对连通孔隙的粗糙表面进行平滑处理。再通过表面生成功能,在表征单元体上的孔隙外表面上生成数量庞大的三角形网格,将其转化为 Stl 格式文件,为日后的数据对接打好基础。应用 ICEM CFD 软件对 Stl 文件进行修复和构件,以生成满足模拟要求的网格模型。图 4-24(a)、(b)所示为通过 ICEM CFD 软件进行网格导入和孔隙填充。图 4-24(c)所示为利用局部生成功能,对几何模型的 6 个面分别设立名称。网格划分时,以全局自动划分为主,局部手动划分为辅。网格划分完成后查看网格质量,删除低质量网格,再通过网格检验,删除不相连的网格点,则可保证网格质量。一系列网格处理后,最终得到图 4-24(d)所示的多孔炭三维孔隙结构模型。最终试样 1 模型拥有 204 990 个节点,1 169 601 个四面体网格;试样 2 模型拥有 1 107 617 个节点,2 215 418 个四面体网格。该有限元模型可直接导入 CFD 数值模拟软件中

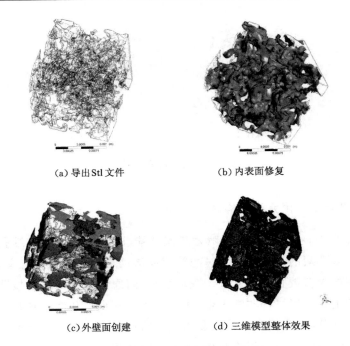

（a）导出 Stl 文件　　　　　　（b）内表面修复

（c）外壁面创建　　　　　　（d）三维模型整体效果

图 4-24　有限元网格模型的构建

进行后续计算处理,非常贴近试样真实孔隙结构,避免了对非均质多孔炭结构的大量简化处理,有助于得到更为真实的模拟结果。

参考文献

[1] STANLEY H E,JOSÉ S ANDRADE JR,HAVLIN S,et al. Percolation phenomena:a broad-brush introduction with some recent applications to porous media,liquid water,and city growth[J]. Physica A,1999,266(1-4):5-16.

[2] LIANG H F,SONG Y C,LIU Y. Study of the permeability characteristics of porous media with methane hydrate by pore network model[J]. Journal of energy chemistry,2010,19(3):255-260.

[3] SAHIMI M. Non-linear and non-local transport processes in heterogeneous media:from long-range correlated percolation to fracture and materials breakdown[J]. Physics reports,1998,306(4-6):213-395.

[4] JIANG X P. Preparation, characterization and properties of new porous carbon materials[M]. Beijing: Beijing University of Science and Technology Press, 2016.

[5] SCHEIDGGGER A E. The physics of flow through porous media [M]. Toronto: University of Toronto Press, 1974.

[6] BEAR J. Dynamics of fluid in porous media[M]. New York: Elsevier, 1972.

[7] CARLOS A LEÓN Y LEÓN. New perspectives in mercury porosimetry [J]. Advances in colloid and interface science, 1998, 76(7): 341-372.

[8] CIESZKO M, KEMPIŃSKI M, CZERWIŃSKI, T. Limit models of pore space structure of porous materials for determination of limit pore size distributions based on mercury intrusion data [J]. Transport in porous media, 2018, 127(2): 433-458.

[9] JIANG W P, SONG X Z, ZHONG W L. Research on the pore properties of different coal body structure coals and the effects on gas outburst based on the low-temperature nitrogen adsorption method[J]. Journal of China coal society, 2011, 36(4): 609-614.

[10] SONG X X, TANG Y G, LI W, et al. Fractal characteristics of adsorption pores of tectonic coal from Zhongliangshan southern coalmine[J]. Journal of China coal society, 2013, 38(01): 134-139.

[11] QU Z, WANG G G X, JIANG B, et al. Experimental study on the porous structure and compressibility of tectonized coals[J]. Energy & fuels, 2010, 24(5): 2964-2973.

[12] GAO Z Y, HU Q H, LIANG H C. Gas diffusivity in porous media: determination by mercury intrusion porosimetry and correlation to porosity and permeability[J]. Journal of porous media, 2013, 16(7): 607-617.

[13] SU E L, LIANG Y P, LI L, et al. Laboratory study on changes in the pore structures and gas desorption properties of intact and tectonic coals after supercritical CO_2 treatment: implications for coalbed methane recovery [J]. Energies, 2018, 11(12): 3419.

[14] SALZER M, PRILL T, SPETTL A, et al. Quantitative comparison of segmentation algorithms for FIB-SEM images of porous media[J]. Journal of microscopy, 2015, 257(1): 23-30.

[15] IVAN KOVA E M,DOBROVOLSKAYA I P,POPRYADUKHIN P V, et al. In-situ cryo-SEM investigation of porous structure formation of chitosan sponges[J]. Polymer testing,2016,52:41-45.

[16] PRILL T,SCHLADITZ K,JEULIN D,et al. Morphological segmentation of FIB-SEM data of highly porous media[J]. Journal of microscopy, 2013,250(2):77-87.

[17] 宋波. 多孔介质三维重建及流体动画模拟[D]. 合肥:中国科学技术大学,2011.

[18] MAN H N,JING X D. Pore network modelling of electrical resistivity and capillary pressure characteristics[J]. Transport in porous media, 2000,41(3):263-285.

[19] LENORMAND R,TOUBOUL E,ZARCONE C. Numerical models and experiments on immiscible displacements in porous media[J]. Journal of fluid mechanics,1988,189:165-187.

[20] COPPENS M O,FROMENT G F. Diffusion and reaction in a fractal catalyst pore-Ⅱ. Diffusion and first-order reaction[J]. Chemical engineering science,1995,50(6):1027-1039.

[21] ARNS C H,KNACKSTEDT M A,PINCZEWSKI W V,et al. Virtual permeametry on microtomographic images[J]. Journal of petroleum science and engineering,2004,45(1-2):41-46.

[22] VOGEL H J,ROTH K. Quantitative morphology and network representation of soil pore structure[J]. Advances in water resources,2001,24(3):233-242.

[23] QUIBLIER J. A new three-dimensional modeling technique for studying porous media[J]. Journal of colloid and interface science,1984,98(1):84-102.

[24] HAZLETT R D. Statistical characterization and stochastic modeling of pore networks in relation to fluid flow[J]. Mathematical geology,1997, 29(6):801-822.

[25] BAKKE S,ØREN P E. 3-D pore-scale modelling of sandstones and flow simulations in the pore networks[J]. SPE journal,1997,2(2):136-149.

[26] WU K J,VAN DIJKE M I J,COUPLES G D,et al. 3D stochastic model-

ling of heterogeneous porous media-applications to reservoir rocks[J]. Transport in porous media,2006,65(3):443-467.

[27] ALMARZOOQI F A,BILAD M R,MANSOOR B,et al. A comparative study of image analysis and porometry techniques for characterization of porous membranes [J]. Journal of materials science, 2016, 51 (4): 2017-2032.

[28] SONG J C,SUWANPRATEEB J,SAE-LEE D,et al. 2D and 3D pore structure characterization of bi-layered porous polyethylene barrier membrane using SEM and micro-CT[J]. Science Asia,2019,45(2):159.

[29] XUE K H,YANG L,ZHAO J F,et al. The study of flow characteristics during the decomposition process in hydrate-bearing porous media using magnetic resonance imaging[J]. Energies,2019,12(9):17-36.

[30] HAMBLI R. Micro-CT finite element model and experimental validation of trabecular bone damage and fracture[J]. Bone,2013,56(2):363-374.

[31] 杨栋,康志勤,赵静,等.油页岩高温 CT 实验研究[J].太原理工大学学报,2011,42(3):255-257.

[32] 康志勤,王玮,赵阳升,等.基于显微 CT 技术的不同温度下油页岩孔隙结构三维逾渗规律研究[J].岩石力学与工程学报,2014,33(9):1837-1842.

[33] 庄天戈.CT 原理与算法[M].上海:上海交通大学出版社,1992.

[34] BIRD M B,BUTLER S L,HAWKES C D,et al. Numerical modeling of fluid and electrical currents through geometries based on synchrotron X-ray tomographic images of reservoir rocks using Avizo and Comsol[J]. Computers & geosciences,2014(73):6-16.

5 炭/石墨多孔介质渗透性能

5.1 引言

5.1.1 多孔介质渗透性能研究现状

渗流是指多孔介质内的流体流动,研究多孔介质内流体流动规律及其应用。作为流体力学的分支,自从达西提出渗流定律以来,渗流力学在解决石油、天然气开发、水利工程、建筑工程等领域的关键技术问题中得到长足发展,取得了丰硕的成果[1-3]。以薛定谔著《多孔介质中的渗流物理》和科林斯著《流体通过多孔材料的流动》以及贝尔著《多孔介质流体动力学》、孔祥言著《高等渗流力学》为代表的论著总结了几代科研工作者在流体渗透流动领域取得的理论和应用研究成果[4-7]。近年来,渗流力学在一些新的领域取得突破和发展。从研究领域看,上述研究主要集中在渗流规律、流固耦合、金属与非金属渗流、渗流模拟等方面,取得了诸多理论成果。从应用领域看,涵盖地热、煤层气、地下水污染、海水入侵、煤和瓦斯突出灾害防治、抽水引起的地面沉降、核废料地下存放、地下隧道透水防治、水土保持、多孔材料制备、生物工程等领域,促进了渗流力学理论研究成果的工程实践。

流体在多孔介质中的渗流规律一直是渗流力学的研究重点。郭尚平、刘建军、刘俊丽等[1-3]探讨了十多年来渗流力学在非线性渗流、微观渗流、计算渗流和微动态渗流等几个方面的研究进展,指出了渗流力学的研究趋势和发展方向。李学文[8]研究了乳状液的流变特性、稳定性,并研究了影响渗流特性的因素和影响规律。李传亮等[9]对多孔介质的流变模型进行了研究,对传统的流变模型进行了改进,利用多孔介质的本体有效应力和结构有效应力建立了多孔介质的总应变量的流变模型,可以拟合介质的实际应变行为,把多孔介质和普通固体联系起来。

在渗流过程的流固耦合方面,石志良等[10]引入非达西因子及由于相变产生的毛管力、表面张力,同时考虑汽化潜热及流固热耦合,推导出流固热耦合能量方程,建立了相应的多孔介质中伴有相变的多相流"热-流-固"耦合渗流数学模型。徐曾和[11]对渗流的流固耦合问题及应用进行了研究,分别对不可压缩、微压缩和可压缩的线性流固耦合问题进行了研究,同时也对稳定流和非稳定流中的非线性耦合问题进行了研究。李祥春[12]对煤层瓦斯渗流过程中的流固耦合问题进行了研究,分析了膨胀变形、孔隙率、渗透率之间的关系,建立相关的耦合方程。李培超[13]基于线性热弹性理论,阐述了热-流-固数学模型,介绍了饱和多孔材料多场耦合的完整方程组,包括渗流方程、本构方程和能量方程,讨论了求解方法及其工程应用。陈庆中等[14]详细阐述了应力场、渗流场、流场等三场耦合问题,参照 Sandh 和钱伟长的成果建立了三场耦合问题的分析方法。陈波等[15]在推导多孔介质三维耦合数学模型微分控制方程的基础上,系统推导了固液两相介质温度场-变形场-渗流场三维耦合问题的有限元描述格式,开发了相关分析软件,并进行了工程实例验证。

在金属渗流过程方面,胡国新、王补宣等[16-17]采用局部非热平衡假设建立多孔介质渗流传热数理模型,研究了铝熔液在不同工况条件下的流速、压力损失和多孔介质的温度变化的关系。Chang[18]也对熔融金属流过多孔纤维预制体过程进行了模拟研究。刘政、龚平[19]基于渗流理论建立了金属基复合材料凝固过程中的流场、温度场控制方程组,研究了凝固过程中金属的流动与温度演变过程。张勇等[20]研究了液态铝在多孔介质中的低压渗透过程,推导了渗流过程位移-时间曲线及流速表达式。

在渗流过程数值模拟方面,借助数值模拟技术来计算模拟多孔介质内的流动情况,常用的方法有 LBM 法、LG 法、有限元法等。在模拟的过程中,通常假定一个与要模拟的多孔介质孔隙结构参数相近的理想模型,选取一个符合实际情况的算法,借以经验公式、相关曲线图表参数在模拟软件中显示数值模拟结果,模型与算法的选取不同,结果也会不同,甚至存在较大差异。Humby、Bruneau 等[21-22]建立了多孔介质流动的数值模型,宋怀玲[23]进行了地下渗流模型的数值模拟研究,研究了不可压缩两相流渗流问题,提出了特征有限差分方法、特征有限元和特征混合元方法,在油藏数值模拟方面得到了广泛应用。Adler、Thovert[24]两人在研究多孔介质宏观输运特性这个问题时,利用数值上求解合适边界条件的方程问题得到了多孔介质的宏观运输特性。此外，Vidal、Aalto-salmi 等[25-26]学者在深流力学的数值研究方法方面开展了卓有成效的研究工作。

在渗流过程的工程应用方面，李军华等[27]进行了大坝渗流监测系统设计及渗流计算机模拟的研究，对大坝的渗流问题进行了研究，建立了相关的数学模型，开发了相关的渗流监测系统，是水利工程中渗流力学应用的典型。黄进[28]建立了熔融浸渍工艺过程中的连续浸渍模型，研究了浸渍剂的流变特性和渗透性能，分析了多孔介质几何结构和工艺参数对浸渍工艺质量的影响规律。徐欢[29]利用挤压渗流法制备了多孔铝合金，建立了水力模型和渗流模型研究铝液在多孔介质中的渗流过程，测试多孔材料的吸声性能，制备吸声效果良好的消音材料。

5.1.2 多孔介质渗透性能研究方法

应用于浸渍或过滤的多孔炭/石墨，影响其品质的因素主要有两个：一是孔隙结构；二是渗透性能。对炭/石墨多孔介质而言，其渗透性能综合反映了流体（浸渍剂或过滤流体）在孔隙中流动的难易程度，而描述多孔介质渗透性能的主要参数是渗透率。自达西定律提出以来，有关多孔介质的渗透率研究得到了充分发展，提出了诸如基于毛细管理论、水力半径理论、阻尼理论的渗透率表达式，但鉴于多孔介质本身的随机性和复杂性，以及应用范围的局限性，很难获得具有普适性的研究成果。

法国科学家达西用直立的均质沙柱进行了渗流的实验研究，得到有关流体流过沙柱横截面的流量、截面面积、沙柱长（高）度、水头差之间的关系式如下[7]：

$$Q = K'A \frac{h_2 - h_1}{L} \tag{5-1}$$

式中，Q 代表单位时间内渗过的流体总量；$(h_2 - h_1)/L$ 称为水力梯度；K' 是常数，通常称为水力传导系数或滤渗系数，研究表明，水力传导系数 K' 与流体重率 $\gamma = \rho g$ 成正比，与流体黏度 μ 成反比，用参数 K 作为比例系数，有 $K' = K\rho g/\mu$。将水力梯度表达式写成微分形式 $(h_2 - h_1)/L = \partial p/\partial z$，代入式（5-1）中得到达西定律的表达式如下：

$$V = -\frac{K}{\mu}\left(\frac{\partial p}{\partial z} + \rho g\right) \tag{5-2}$$

式中,K 是与多孔介质孔隙结构有关的常数,即渗透率;V 是流体的流动速度,即单位时间内通过的流体体积;μ 是流体黏度;$\partial p/\partial z$ 为长度方向上的压力梯度。从量纲上分析,K 值具有长度的平方的量纲,也可以认为 K 值是多孔介质平均孔隙直径的平方的一种度量。很多多孔介质在结构上有方向性,这样的多孔介质称为各向异性多孔介质,在不同方向其渗透率不相同。对各种不同的单相流体流过各向同性多孔介质的研究表明,达西定律的渗透率只与多孔介质的本身结构有关,而与牛顿流体的特性无关。

Forchheimer 将达西定律进行了改进,增加了二次项和三次项,使达西定律适用于高速渗流情况,公式为[4]:

$$\frac{\Delta p}{\Delta x} = aq + bq^2 + cq^3 \tag{5-3}$$

上式表示了不考虑流体重力时,线性情况下的压力降 $\dfrac{\Delta p}{\Delta x}$ 与渗流速度 q 的关系,a,b,c 为常数。使用达西定律必须注意其适用范围:① 流体必须是牛顿流体,对于非牛顿流体不适用;② 多孔介质必须是均质的,即各向同性,对各向异性介质不适用;③ 对雷诺数的适应范围在 $1\sim10$ 之间,一般取 $Re\approx5$,即当 $Re>5$ 时不适用。

上述达西定律是通过实验总结出来的,仅限于单相不可压缩流体的一维流动,而在实际工程应用中以单相流体的三维流动或多相流体的流动居多,达西定律在形式上得到了推广和应用。

(1) 各向同性多孔介质中单相流体的流动

各向同性指介质的性质与在介质中的方向无关,达西定律在各向同性多孔介质中的三维流动方程为:

$$\begin{cases} V_x = -\dfrac{K}{\mu} \cdot \dfrac{\partial p}{\partial x} \\[2mm] V_y = -\dfrac{K}{\mu} \cdot \dfrac{\partial p}{\partial y} \\[2mm] V_z = -\dfrac{K}{\mu}\left(\dfrac{\partial p}{\partial z} + \rho g\right) \end{cases} \tag{5-4}$$

对于均匀介质,K 为常数,对于非均匀介质,$K=K(x,y,z)$。

(2) 各向异性多孔介质中单相流体的流动

对于各向异性介质,$\boldsymbol{K}$ 为 2 阶张量,可写成如下矩阵形式:

$$K = \begin{bmatrix} K_{xx} & K_{xy} & K_{xz} \\ K_{yx} & K_{yy} & K_{yz} \\ K_{zx} & K_{zy} & K_{zz} \end{bmatrix} \tag{5-5}$$

各向异性介质的达西定律的三维流动方程为：

$$\begin{cases} V_x = -\dfrac{K_{xx}}{\mu} \cdot \dfrac{\partial p}{\partial x} - \dfrac{K_{xy}}{\mu} \cdot \dfrac{\partial p}{\partial y} - \dfrac{K_{xz}}{\mu}\left(\dfrac{\partial p}{\partial z} + \rho g\right) \\[2mm] V_y = -\dfrac{K_{yx}}{\mu} \cdot \dfrac{\partial p}{\partial x} - \dfrac{K_{yy}}{\mu} \cdot \dfrac{\partial p}{\partial y} - \dfrac{K_{yz}}{\mu}\left(\dfrac{\partial p}{\partial z} + \rho g\right) \\[2mm] V_z = -\dfrac{K_{zx}}{\mu} \cdot \dfrac{\partial p}{\partial x} - \dfrac{K_{zy}}{\mu} \cdot \dfrac{\partial p}{\partial y} - \dfrac{K_{zz}}{\mu}\left(\dfrac{\partial p}{\partial z} + \rho g\right) \end{cases} \tag{5-6}$$

（3）各向同性多孔介质中两相流体的流动

两种不相溶的流体同时流过同一多孔介质，可以将描述单相流体流动的达西定律拓展为两种不相溶的流体分别满足达西定律，以下标 1 和 2 分别表示两种流体，不考虑重力时其达西定律可写成如下形式：

$$\begin{cases} V_1 = -\dfrac{K_1}{\mu_1} \cdot \dfrac{\partial p_1}{\partial x} \\[2mm] V_2 = -\dfrac{K_2}{\mu_2} \cdot \dfrac{\partial p_2}{\partial x} \end{cases} \tag{5-7}$$

式中 K_1、K_2 分别为多孔介质对流体 1 和 2 的相渗透率，也称有效渗透率。

5.2　石墨多孔介质渗透率的分形描述

5.2.1　多孔介质渗透率的分形模型

综合考虑土壤剖面孔隙面积分布分形维数及土壤颗粒粒径、孔隙分布分形维数和孔隙分布谱维数，通过对 Tayler 公式进行修正，得到如下多孔介质渗透率的表达式：

$$K = Br_p^{2(d_s - d_a)} d_p^2 \frac{(D_{max}^{d_p} + D_{min}^{d_p+1})}{(d_p + 1)^2} \frac{\left[1 + (1 - cX^{d_a-2})^{\frac{3}{2}}\right]}{(1 - cX^{d_a-2})^3} \tag{5-8}$$

式中，B 是经验常数，c 是比例因子；X 是度量胞；r_p 表示 X 的边长；d_s 是谱维数，d_a 是孔隙分形维数，d_p 是颗粒分形维数；D_{max} 和 D_{min} 是土壤多孔介质中的最大和最小颗粒直径。式中除了 B 以外，其他参数都有明确的物理意义，但是在实际应用中容易产生误差，因为各维数的测量与选择的分析区域有关，选择不同的微观分析区域,得到的数据通常不同。

Crawford 采用物理学中的重整化群理论,推导了饱和与非饱和水力传导系数的表达式,分形结构的饱和水力传导系数为[4]:

$$K_{sat} = CL^{(2-\varphi_l)}, (p > p_s) \tag{5-9}$$

式中,p_s 为多孔介质渗流阈值,p 为孔隙率,φ_l、C、L 为常数。上式表明,当多孔介质渗透率大于渗流阈值时,饱和水力传导系数与多孔介质的尺度大小成指数关系。

对分形结构的非饱和水力传导系数研究也发现与尺度间存在标度特性,Gimenez 等通过实验验证了 Crawford 的水力传导系数关系式,得出了尺度越大水力传导系数越小的结论,并且指出,指数可能是一个常数(单一分形),也可能是一个函数(多重分形)[4]。

Ader 等采用有限差分法和蒙特卡洛方法研究了分形多孔介质中的 Stokes 流动,通过对一维、二维、三维 Sierpinski 地毯中的 Stokes 流动和泰勒弥散研究发现,对于一维、二维分形体,在不同方向上,渗透率 K(各向异性)与孔隙率(φ)成指数关系[5]:

$$K \propto (\varphi)^{(\frac{4-D_f}{2-D_f})} \tag{5-10}$$

三维情况要复杂一些,计算结果与传统的 Carman 方程结果有差异,但与 Archie 方程比较一致。

5.2.2　Hagen-Poiseuille 渗透率模型

根据分形理论,分形物体的量度 $M(L)$ 与测量的尺度 L 服从以下标度关系:

$$M(L) \sim L^{D_f} \tag{5-11}$$

对分形多孔介质而言,累计孔隙数目 N 与孔隙的大小分布服从如下标度关系:

$$N(L \geqslant \lambda) = (\frac{\lambda_{max}}{\lambda})^{D_f} \tag{5-12}$$

可得到孔隙的总数为:

$$N(\lambda) = N(L \geqslant \lambda_{min}) = (\frac{\lambda_{max}}{\lambda_{min}})^{D_f} \tag{5-13}$$

式中,λ_{min} 为孔隙的最小尺寸,λ_{max} 为孔隙的最大尺寸,$N(\lambda)$ 为满足($L \geqslant \lambda_{min}$)的孔隙数目,$D_f$ 为孔隙分形维数。对上式进行微分可得,

$$- \mathrm{d}N(\lambda) = D_f \lambda_{\min}{}^{D_f} \lambda^{-(1+D_f)} \mathrm{d}\lambda \tag{5-14}$$

Yu 等[30,31]在研究多孔介质渗透率过程中以毛细管模型为基础,对 Hagen-Poiseuille 方程进行了修正,流体通过多孔介质中毛细管通道时的流量为:

$$q(\lambda) = \frac{\pi}{128} \frac{\lambda^4}{\mu} \frac{\Delta P}{L_t(\lambda)} \tag{5-15}$$

式中,μ 为流体的黏性系数;$L_t(\lambda)$ 是直径为 λ 的毛细管长度;ΔP 为压力差。通过某单位截面 A 的总流量为:

$$
\begin{aligned}
Q &= -\int_{\lambda_{\min}}^{\lambda_{\max}} q(\lambda) \mathrm{d}N(\lambda) \\
&= \frac{\pi}{128} \frac{\Delta p}{\mu} \frac{L_0{}^{1-D_t}}{L_0} \frac{D_f}{3+D_t-D_f} \lambda_{\max}{}^{3+D_t} \left[1 - \left(\frac{\lambda_{\min}}{\lambda_{\max}}\right)^{D_f} \left(\frac{\lambda_{\min}}{\lambda_{\max}}\right)^{3+D_t-2D_f} \right]
\end{aligned}
\tag{5-16}
$$

式中:$1<D_t<2$,$1<D_f<2$,$3+D_t-2D_f>0$,$0<\left(\frac{\lambda_{\min}}{\lambda_{\max}}\right)^{3+D_t-2D_f}<1$,$\frac{\lambda_{\min}}{\lambda_{\max}} \sim 10^{-2}$,将上式简化为:

$$Q = \frac{\pi}{128} \frac{\Delta p}{\mu} \frac{L_0{}^{1-D_t}}{L_0} \frac{D_f}{3+D_t-D_f} \lambda_{\max}{}^{3+D_t} \tag{5-17}$$

由达西定律得到通过截面 A 的流量为:

$$Q = -\frac{KA}{\mu} \frac{\Delta p}{L} \tag{5-18}$$

对比式(5-8)与式(5-17)可得:

$$K = \frac{\pi}{128} \frac{L_0{}^{1-D_t}}{A} \frac{D_f}{3+D_t-D_f} \lambda_{\max}{}^{3+D_t} \tag{5-19}$$

上式说明渗透率 K 与多孔介质孔隙分形维数 D_f,迂曲度分形维数 D_t,孔隙结构参数 λ 有关。可以看出,孔隙分形维数越大,渗透率越大,迂曲度分形维数越大,渗透率越小,最大孔径越大,渗透率越大,与实际情况一致。孔隙分形维数越大,说明多孔介质的孔隙占据的面积越大;最大孔径越大,说明渗透更加容易,即渗透率更高;迂曲度分形维数越大,说明多孔介质渗透通道更加曲折复杂,流体渗透阻力更大,渗透率更低。

如果简化模型,考虑炭/石墨孔隙通道为近似直通毛细管路,即不考虑通道的迂曲度,则迂曲度分形维数 $D_t=1$,$\lambda=d$,上式简化为:

$$K = \frac{\pi}{128} \frac{1}{A} \frac{D_f}{4-D_f} d_{\max}{}^4 \tag{5-20}$$

上式即为不考虑迂曲度的多孔介质的渗透率与孔隙分形维数的关系式,比较式(5-19)、(5-20)与前述渗透率表达式可以看出,该式没有经验常数,而且每个参数都有明确的物理意义,可见由分形理论得到的渗透率方程比前述有一定的改进,避免了以往研究渗透率与某一结构参数的变化关系时出现理论预测与实验结果误差大或者明显矛盾的情况。但是,也不能通过表达式简单判断出渗透率随某个参数的变化关系,多孔介质渗透率是由多个参数共同决定,影响因数具有复杂性。

5.2.3　实验结果与分析

5.2.3.1　石墨多孔介质渗透率测量

选择孔隙率不同的4个石墨多孔介质试样,通过实验测定石墨的孔隙结构和渗透性能。应用前述模型预测石墨多孔介质的渗透率,关键在于确定几个重要的结构参数。式(5-19)中,D_f采用文献[30,33]的"计盒法"获得,"计盒法"求解分形维数在诸多文献中有应用,此处不再赘述。迁曲度分形维数D_t采用如下公式计算[31]:

$$D_t = 1 + \frac{\ln\tau_{av}}{\ln(L_0/\lambda_{av})} \tag{5-21}$$

式中 τ_{av} 为平均迁曲度,λ_{av} 为平均孔径,均通过压汞实验获得;L_0 为压汞实验获得的特征长度。根据俞伯铭的推导,通道截面积 $A=L_0^2$。按式(5-19)求得的渗透率记为 K_1(考虑迁曲度),按式(5-20)求得的渗透率记为 K_2(不考虑迁曲度),K_1 与 K_2 的比值为 E_1,通过实验求得的渗透率记为 K(实验值),考虑迁曲度预测值与实验值的相对误差 $(K_1-K)/K$ 为 E_2,求解结果如表 5-1 所示,渗透率随主要孔隙结构参数的变化趋势如图 5-1 所示。

表 5-1　石墨多孔介质渗透率和孔隙结构参数

	φ /%	T	D_t	D_f	S /(m²·g⁻¹)	L_0 /μm	λ_{max} /μm	K_1 /md	K_2 /md	K /md	E_1 /%	E_2 /%
1#	30.41	4.917	1.157	1.812	2.15	12 301	213.24	137.10	277.70	147.84	49.36	−7.23
2#	25.35	4.318	1.133	1.728	3.82	11 806	231.34	214.78	383.54	193.28	55.99	11.12
3#	28.67	4.431	1.135	1.781	3.09	12 372	241.97	243.44	441.11	226.47	55.19	7.49
4#	33.26	4.193	1.127	1.832	2.72	12 779	250.85	288.36	502.80	253.62	57.35	13.70

注:T 为迁曲度;S 为比表面积。

由表 5-1 及图 5-1 可知,一方面,在预测时是否考虑迁曲度的影响对结果有

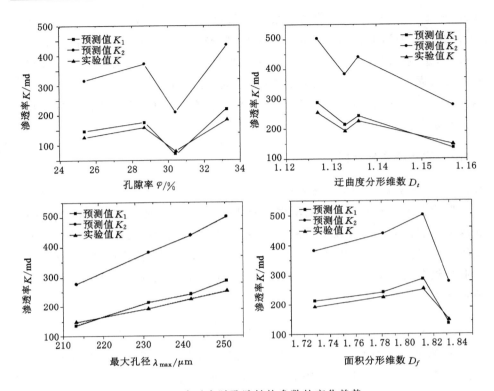

图 5-1　渗透率随孔隙结构参数的变化趋势

较大影响。考虑迂曲度与不考虑迂曲度的比值在 49.36％～57.35％ 之间；考虑迂曲度后得到的渗透率值与实验值比较接近，误差在 $-7.23％～13.70％$，考虑到多孔介质的渗透率影响因素众多，并且在测试、图像处理及计算过程中试样选择区域随机，误差在可以接受的范围。另一方面，渗透率与诸如孔隙率、迂曲度、最大孔径等孔隙结构参数有密切关系，但与上述孔隙结构参数并非呈现简单的递增或者递减关系，而是呈现复杂的幂律函数关系。例如，1#试样的孔隙率大于 2#、3# 试样，但并不能说明其渗透率就一定高于 2#、3# 试样；因为其迂曲度及迂曲度分形维数最大，说明流体流动通道弯曲程度最复杂，流动遇到的阻碍最大，从而渗透率最小。同时，渗透率也不随迂曲度单值变化，2# 试样的迂曲度小于 3# 试样，说明 2# 试样孔隙的迂曲程度没有 3# 试样复杂，流体渗透性能应该更好，但其渗透率却低于 3# 试样，因为 3# 试样的孔隙率和孔隙分形维数更高，意味着孔隙数量在试样中占据的比重更大，从而提升了流体在介质中的流通能力。可以看出，对于实际多孔介质，要分析渗透率与某个结构参数的单值关系,只有在其他结构参数完全相同的情况下才有意义,否则容易得到相互矛盾的结论。

5.2.3.2 多孔介质渗透率影响因素分析

根据达西定律,渗透率是多孔介质固有特性参数,与多孔介质内的流体性质无关,只与多孔介质的孔隙结构有关[4,6]。国内外诸多学者对渗透率的影响因素和规律开展了深入研究,形成了不同的研究结果和观点。根据理论研究和实验验证结果,孔隙结构各参数对渗透率的影响各异。

（1）孔隙率

几乎所有的研究结论表明,多孔介质渗透率与孔隙率密切相关,但不同研究人员得到孔隙率对渗透率影响的不同规律。理论上分析,孔隙率越大,表明流体在多孔介质中流动路径选择性越强,渗透率越高,但实际上却并非完全如此。雷树业等[35]研究了给定颗粒介质的渗透率与孔隙率的关系,得出"渗透率与孔隙率的关系唯一确定,并且是孔隙率的单值函数"的结论,笔者认为这个结论不妥,诸多学者的研究结论也证实了多孔介质渗透率与孔隙率的关系并非简单的单值函数关系。刘晓丽[35]研究了土壤、岩石、煤样等分形多孔介质渗透率后认为,渗透率随分形维数（$2 < D_f \leqslant 3$）增大而增大,$D_f < 2.65$ 时渗透率为 0,而刘俊亮[36]得出了与刘晓丽完全相反的结论,在 $2 \leqslant D_f \leqslant 3$ 时,渗透率随分形维数增加而降低。Pitchumani 和 Ramakrishnan[34]的预测模型中定义 D_f 为孔隙面积分形维数,但是在模拟结论中却得出了在其他结构参数不改变的情况下,渗透率 K 随 D_f 增加而减小的结论,并指出当 $D_f = 2$ 时,$K = 0$,着实让人费解。此处的分形维数是孔隙面积分形维数而不是体积分形维数,面积分形维数表征了孔隙在二维平面上充满整个平面的程度,分形维数越大,孔隙率越大。因此,随着孔隙面积分形维数 D_f 增加,孔隙在二维平面上充满的程度更多,渗透率应该更大。而体积分形维数表征了多孔介质在三维立体上逼近立方体的程度,分形维数越大,孔隙率越小,渗透率应该更低才符合实际。因此,刘俊亮、李留仁[36-37]得到的结论更合理,刘晓丽的结论值得商榷。邓英尔、黄润秋[38]利用压汞实验和分形模型对岩石渗透率与孔隙结构的关系进行了研究,结果表明渗透率与孔隙率、体积分形维数的关系并不是简单的递增或者递减变化规律,而是存在比较复杂的解析关系。

（2）迂曲度

作为描述孔隙通道弯曲程度的重要参数,迂曲度影响流体在多孔介质中的流动特性。科林斯[6]在研究渗透率时对 Kozeny 方程进行修正就考虑了迂曲度的影响,邓英尔、郁伯铭等[30,38] 在研究岩石等多孔介质渗透率时也考虑了孔隙的迁曲度,以更加贴近多孔介质实际特征。在分形理论中,迁曲度分形维数涵盖了迁曲度的特征和信息。在其他孔隙结构参数一致的情况下,迁曲度越大,表明流体在多孔介质孔隙通道中实际流经路径越长,沿程损失越大,同时由于弯曲程度增加,局部损失变大,流动阻力变大,导致渗透率越低。表5-1及图5-1的实验结果表明,考虑迁曲度得到的渗透率预测值是不考虑迁曲度情况下值的 1/2 左右,实验结果更接近考虑迁曲度得到的理论预测结果。这说明在实际应用中,迁曲度是不可忽略的因素,实践中几乎不存在类似于理论模型这样的直毛细管孔隙的多孔介质,邓英尔、黄润秋[38] 的研究中也体现出这一点。

（3）孔径

孔径也是影响多孔介质渗透率的重要参数之一。Pitchumani 和 Ramakrishnan[34] 推导的渗透率与孔隙结构参数之间的关系为:

$$K = g_q \lambda_{max}{}^2 \beta^{1+d_T} \left(1 + d_N \frac{1 - \alpha^{3+D_t-D_n}}{3 + D_t - D_n}\right) \tag{5-22}$$

式中,D_t 表示迁曲度分形维数;D_f 表示面积分形维数。

考虑了最小孔径与最大孔径比值 α（即 $\lambda_{min}/\lambda_{max}$）以及最大孔径与代表性尺度比值 β（即 λ_{max}/L_0）的影响,同时还引入了流通截面的几何形状因子参数 g_q,并指出圆管模型 $g_q = \pi/4$,但他没有具体说明几何形状因子确定的依据。Yu 和刘俊亮等[31,36] 的研究表明了渗透率与最大孔径存在某种幂函数关系,与最小孔径关系不大。通常情况下,$\lambda_{min}/\lambda_{max}$ 的值非常小,对流体渗流起作用的主要是 λ_{max},渗透率随 λ_{max} 呈幂率变化,λ_{min} 对渗透率影响甚小,这在实验中得到体现。如图 5-2 所示,4 个试样的孔径在 11 000～15 000 nm 内时,浸入了实验中的绝大部分流体,而低于 10 000 nm 的孔径中浸入的流体体积低于 0.02 mL/g,即使极大地增加浸渍压力,浸入的体积也非常微小。

理论分析和实验结果表明,研究多孔介质的渗透率,必须综合考虑孔隙结构的相关因素,只考虑单一因素得到的结果往往具有片面性,不能反映多孔介质的真实渗透性能。石墨多孔介质的孔隙结构具有典型的分形特征,也具有较强的随机性,同一试样中不同局部的孔隙结构参数也不相同,在分形维数计算中采用不同的方法得到结果也会不同。

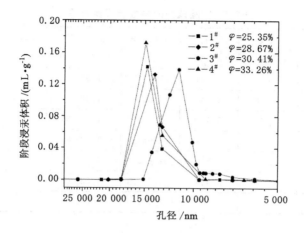

图 5-2　各试样阶段浸汞体积与孔径关系

5.3　石墨多孔介质渗透性能的非线性规律

5.3.1　渗流实验

5.3.1.1　实验材料和实验装置

通过渗流实验,研究石墨多孔介质内流体的渗流规律。在水渗流过程中,水与孔壁之间的摩擦阻力是影响流动规律最主要的作用力,其大小与水的表面张力、孔隙的大小及孔隙表面状况有关。严格地讲,孔隙率只是多孔介质孔隙的累计度量,不能表征影响流动主要因素——孔隙结构与分布。但为了简化研究以孔隙率作为多孔介质孔隙结构的表征量。制备不同孔隙率的 7 个试样进行渗流实验,实验介质为纯净水。各试样的参数及实验条件如表 5-2 所示。

渗流实验采用美国 TerraTek 公司生产的全直径岩芯流动仪,主要由 Quizix 高精度柱塞泵及计算机控制系统、高精度的压力传感器和流量传感器、岩芯夹持器以及手动加压泵等组成。此外为校验压力与流量的准确性,在夹持器的入口端安装压力表,在出口端附加流量手动测量。部分仪器如图 5-3 和 5-4 所示,a 为试样入口压力表,b 为试样夹持器,c 为手动加压泵出口压力表,d 为手动加压泵。

表 5-2　实验试样的参数与实验条件

试样编号	孔隙率 φ /%	长度 /cm	直径 /cm	孔隙体积 /cm³	流体黏度 /(MPa·s)	实验温度 /℃	实验介质
1	14.833	5.012	2.528	3.732	1.026 6	24	
2	15.055	5.038	2.526	3.801	1.026 6	24	
3	9.241	5.042	2.525	2.333	1.026 6	24	
4	11.645	5.005	2.539	2.951	1.026 6	24	纯净水
5	11.51	4.99	2.519	2.862	1.026 6	24	
6	18.547	5.029	2.484	4.520	1.026 6	24	
7	27.41	5.029	2.506	6.799	1.026 6	24	

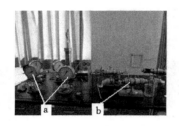

图 5-3　压力表及夹持器

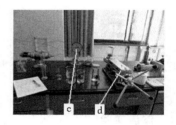

图 5-4　手动加压泵

该实验系统通过自身的计算机测控系统和 Quizix 泵可以实现 0～200 mL/min 范围内任意恒定流速的渗流,另外计算机还能够测量泵的流量以及压力。实验试样放置在夹持器内,试样入口压力表用来测试加在试样入口端的压力,两个表的量程不同,根据压力的大小分别选用,其目的是提高测量的准确性。实验中选用的压力表量程为 0～250 MPa、0～10 MPa 以及 0～40 MPa,根据具体情况选装两块。手动加压泵是为了给试样提供围压,在试样四周加围压的目的是保证不让实验介质从试样与试样密封皮套间的间隙泄漏。手动加压泵出口压力表测量的是通过手动加压泵加在试样外围四周的围压,量程为 0～60 MPa。用量筒与秒表的方法测量流量。计算机实时监测并记录 Quizix 泵出口的压力与流量。加装压力表和增加流量的手动测量目的有两个:一是为校验计算机采集系数的准确性;二是为判定渗流是否稳定。

5.3.1.2　渗流实验过程

试样的预处理主要包括:试样的烘干、抽真空、介质饱和及渗流实验。

（1）试样烘干:在岩石烘干机中进行,烘干温度为 105 ℃,时间为 12 h,以确保试样充分干燥。

（2）试样的抽真空：抽真空至绝对压力小于 1 kPa，并持续 12 h，确保微孔隙中没有残留空气。

（3）介质饱和试样：将抽完真空的试样浸入纯水中进行饱和，在饱和的同时继续抽真空，过程持续 12 h，以确保微孔中只存在单相介质，提高实验数据的准确性。否则实验时孔隙中可能存在复杂的气液两相流动，达到稳态渗流的时间也长。

（4）渗流实验。通过计算机设置渗流初始的流量与泵的保护压力值略小于压力表的量程，启动 Quizix 泵，再通过手动加压泵给试样加围压，渗流实验正式开始。记录计算机设置的流量值，观察计算机与压力表上显示的压力值，压力上升的速度非常慢，大约经过 3～4 h 后，压力值基本趋于稳定，也就是多孔炭/石墨中的渗流达到"稳态"，此时记录压力表与计算机显示的压力值，并用量筒与秒表测量此时的流量。为保证流量测量的准确性要多测几次，与计算机显示的流量相比较，"稳态"渗流时，两个流量应基本相等。测量完第一个点，再设置下一个点的流量进行下一个点的测试，依次类推进行以后的实验。

5.3.2 石墨多孔介质单相饱和渗流运动规律

实验依次测试了流体以不同的流量渗流过试样时的压力降，根据具体情况每个试样测试点为 5～14 个。通过对实验数据的整理与分析，探索单相流体流过饱和多孔介质的运动规律。

5.3.2.1 渗流曲线分析

根据 1～7 号试样的单相饱和渗流实验获得的数据，绘制渗流速度与压力梯度拟合曲线，分别见图 5-5 至图 5-11。

图中的压力梯度是指"稳定"的渗流过程中加在试样单位长度上的压力，即：

$$\operatorname{grad} P = \frac{\Delta P}{L} \tag{5-23}$$

式中，$\operatorname{grad} P$ 为压力梯度（MPa/cm），ΔP 为加在试样两端的压力差（MPa），L 为试样的长度（cm）。

图中所示的渗流速度 v 为实验介质在炭/石墨孔隙中渗流的实际速度，即

$$v = \frac{\bar{v}}{\varphi} = \frac{Q}{A\epsilon} \tag{5-24}$$

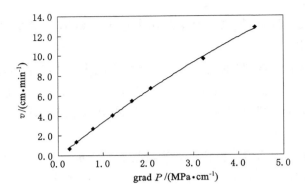

图 5-5　渗流速度与压力梯度曲线（$\varphi_1 = 14.833\%$）

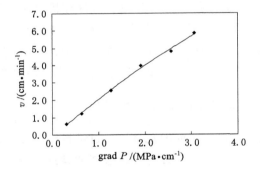

图 5-6　渗流速度与压力梯度曲线（$\varphi_2 = 15.055\%$）

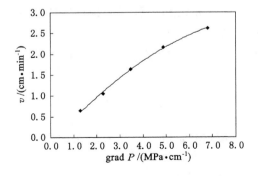

图 5-7　渗流速度与压力梯度曲线（$\varphi_3 = 9.241\%$）

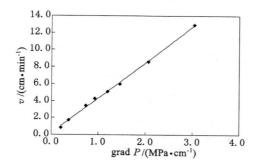

图 5-8 渗流速度与压力梯度曲线($\varphi_4 = 11.645\%$)

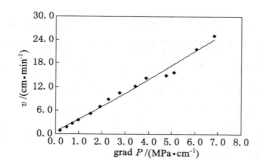

图 5-9 渗流速度与压力梯度曲线($\varphi_5 = 11.510\%$)

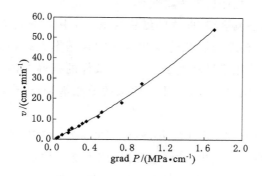

图 5-10 渗流速度与压力梯度曲线($\varphi_6 = 18.547\%$)

式中,Q 为驱替流量(mL/min),A 为截面积(cm^2),φ 为孔隙率(%),$\bar{v}$ 为试样截面上的平均流速(cm/min)。

石墨多孔介质在水的单相饱和条件下,不同孔隙率的试样,渗流速度与压力梯度呈现如下实验规律:

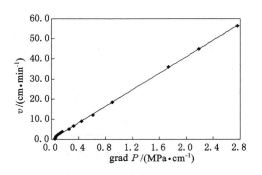

图 5-11　渗流速度与压力梯度曲线（$\varphi_7 = 27.410\%$）

（1）图 5-5 至图 5-7 是孔隙率分别为 14.833％、15.055％以及 9.241％的 $1^\#$～$3^\#$ 试样的渗流曲线。3 条曲线都呈上凸趋势，表现出明显的非线性渗流的特征，曲线的延长线也明显不通过或接近坐标原点。试样的孔隙率相差较大，却表现出相同的渗流规律。比较 3 个试样相同压力梯度（以 3.0 MPa/cm 为例）下的渗流速度值，结果却相差较大（$v_{14.833\%}$：$v_{15.055\%}$：$v_{9.241\%} \approx 6：4：1$）。这说明水在炭/石墨多孔介质中的渗流规律不只是由孔隙率或压力梯度等单一因素决定的，而是多种因素共同作用的结果。

（2）图 5-8、图 5-9 是孔隙率分别为 11.645％和 11.510％的 $4^\#$、$5^\#$ 试样的渗流曲线。总体上的趋势近似为直线，但存在一定的下凹趋势。两条曲线整体上能够体现出达西渗流规律，曲线的延长线基本上接近通过原点。两试样的孔隙率相差不大，压力梯度与渗流速度相应区间也基本大致相同，有着相同的渗流规律。两试样的孔隙率虽然处于 $1^\#$～$3^\#$ 试样的范围之内，但渗流的规律却明显不同，这更加说明炭/石墨多孔介质水的单相饱和渗流规律是多种因素共同决定的。

（3）图 5-10 及图 5-11 是孔隙率分别为 18.547％和 27.410％的 $6^\#$、$7^\#$ 试样的渗流曲线，从图中可以看出，曲线起始段（压力梯度较小、渗流速度较小）表现出明显的非线性渗流特征。曲线呈上凸形状，渗流曲线明显不过原点。图 5-10 和图 5-11 还体现出，当渗流速度增大到一定程度时，两试样的渗流曲线基本呈线性。这两试样的渗流曲线呈现相同的规律：渗流的起始段表现出非线性，当渗流速度（压力梯度）达到一定程度时呈现线性的特征，曲线上呈现先凸后直的形状。

通过上述分析可知：孔隙率相差较大的试样既可能表现出相同的流动规律

（如 6#和 7#），也可能表现出不同的规律（如 6#、7#和 4#、5#之间），说明水在石墨多孔介质中的流动不仅与多孔材料的孔隙率有关，而且还与孔隙结构有关；对于同一试样而言，不同的渗流速度渗流规律也不相同（如 6#和 7#），从非线性渗流过渡到线性流动，这说明流动规律还取决于渗流速度。

综上所述，水在炭/石墨多孔介质中的单相饱和渗流规律主要取决 3 个方面的因素：多孔材料的孔隙结构（孔隙的大小、连通性、弯曲程度、孔喉表面状况等）、多孔材料的孔隙率以及水的渗流速度。如果流动介质不是水，而是一般的流体，则还应考虑流体的性质。因此，判断流体在炭/石墨多孔介质中的流动规律时，除了上述几方面还应考虑流体的黏度与密度。

5.3.2.2　单相饱和渗流规律研究

实验已经表明：流体在多孔石墨介质中渗流时，存在着启动压力梯度；当压力梯度大于最小启动压力梯度时流体开始在坯料试样的微孔中流动，形成渗流。随着压力梯度的增加，微孔中流体的渗流速度并非是线性增加的，这种现象与宏观渗流的达西规律不相吻合，这是微孔渗流复杂的阻力因素不能定量描述的必然结果[39-40]。有研究表明[41]，孔隙中边界层的存在，是使渗流具有特殊的运动特征。压力梯度与渗流速度的关系呈现光滑的弯曲线，可以通过函数来描述其运动规律。

有关多孔介质渗流（尤其是非线性渗流）的研究，国内外学者做了大量的工作，特别是实验研究工作，获得了大量的实验方程以描述渗流运动中力与运动的关系，总的说来可以分为两种形式：第一种形式是分段式函数[39]，这类公式来源于实验，能够较为精确地描述实验取得的结果，但由于描述的方程是非连续性的表达方式，实际应用中有所不便；第二种形式是连续性函数[42-43]，即用连续性的数学方程对实际问题进行描述，与实际情况较为接近。事实上，不管哪一类方程的获取，基本上都是通过实验的数据处理而获得的。由于流体在炭/石墨多孔介质微孔中的流动是一个连续的实际物理过程，因此可以用连续性函数描述。

通过对渗流实验的数据进行观察、分析，发现流体通过饱和石墨多孔介质渗流时的运动规律符合二次方程的特点，因此石墨多孔介质渗流运动的实验方程可以用一元二次方程的形式进行数值拟合。拟合的方程形式如下：

$$v = A\,(\mathrm{grad}\,P)^2 + B(\mathrm{grad}\,P) + C \tag{5-25}$$

式中　v——微孔中流体的渗流速度，cm/min；

　　　$\mathrm{grad}\,P$——压力梯度，MPa/cm；

A、B、C——分别为方程拟合过程中二次项、一次项及常数项的系数。

表 5-3 给出了 7 种石墨试样按式(5-25)形式拟合的渗流方程及其相关系数。

模拟结果表明,对石墨单相饱和非线性渗流流动采用一元二次方程进行拟合,其相关系数达到 0.99 及以上,这说明用描述石墨的非线性渗流运动规律的方法可行,而且拟合的精度较高。

渗流运动方程的拟合是否可行,除了要看其数值上能否与实际的渗流动参数相接近、其发展趋势上与实际是否相符,还要看所拟合方程本身的各项是否具备确切的物理意义。

表 5-3　石墨单相饱和非线性渗流方程拟合结果

试样	渗流拟合方程	相关系数
1	$v=-0.146\,7(\text{grad }P)^2+3.571\,3(\text{grad }P)-0.068\,4$	0.999 3
2	$v=-0.115\,3(\text{grad }P)^2+2.268\,1(\text{grad }P)-0.095\,7$	0.997 4
3	$v=-0.030\,7(\text{grad }P)^2+0.615\,7(\text{grad }P)-0.136\,2$	0.997 7
4	$v=0.053\,6(\text{grad }P)^2+4.280\,7(\text{grad }P)+0.002\,53$	0.997 4
5	$v=-0.039\,5(\text{grad }P)^2+3.808\,4(\text{grad }P)-0.002\,13$	0.996 6
6	$v=-13.919(\text{grad }P)^2+31.214(\text{grad }P)-0.595\,7$	0.991 2
7	$v=-12.947(\text{grad }P)^2+26.41(\text{grad }P)-0.447\,2$	0.989 7

由式(5-25)的形式来看,拟合方程是由 3 项组成,即与压力梯度有关的二次项、与压力梯度有关的一次项以及常数项组成。常数项 C 反映的是石墨多孔介质非线性渗流时存在启动压力梯度的特性。如果常数 C 基本接近于 0,则表示实验曲线经过坐标原点。一次项系数 B 的物理意义:一次项体现的是线性关系,即是达西定律所描述的规律,由于流体黏度的存在,流动时内部存在黏滞阻力对流动产生线性影响。二次项系数 A 的物理意义:二次项体现的是石墨微孔渗流过程中,复杂的阻力作用及边界层对流体在微孔中渗流流动时的影响等,是渗流方程非线性的主要因素。

众所周知,流体在流动过程中遇到固体壁面时,由于流体的黏性以及固体与流体表面张力的作用,在固体壁面要形成一个稀薄的边界层,边界层内的流体有较大的速度梯度,而且边界层的厚度与作用在流体上的压力梯度成反比关系,即随着压力梯度增加边界层厚度反而减小。流体在多孔介质的孔隙中流动时,边界层中阻力的影响是不能忽略的。用式(5-25)形式的方程来拟合水的单相石墨多孔介质内饱和非线性渗流的运动规律是合适的,函数不仅连续而且精度高,其各项的物理意义明确易懂,即石墨多孔介质中的单相饱和渗流是由启动压力、孔隙的附加黏滞阻力以及边界层影响等因素共同综合作用的结果。

拟合方程中二次项、一次项系数还反映流动中非线性项与线性项作用的相对强弱,从表5-3中拟合的运动方程看出,不同试样各拟合方程的一次项与二次项系数及其比值的绝对值各不相同,如表5-4所示,而且差别还较大。

表 5-4　拟合方程系数的比值

试样	二次项系数 A	一次项系数 B	一、二次项比值的绝对值 $|B/A|$
1	$-0.146\ 7$	3.5713	24.34 4
2	$-0.115\ 3$	2.268 1	19.671
3	$-0.030\ 7$	0.615 7	20.055
4	0.053 6	4.280 7	79.864
5	$-0.039\ 5$	3.808 4	96.415
6	-13.919	31.214	2.243
7	-12.947	26.41	2.040

从表5-4的数据可以看出,一、二次项系数比值的绝对值按其值的大小大致可以分为3个区间,也就是石墨多孔介质的单相饱和渗流的运动类型大致分为3类情况,分别是:

第1种类型为一般的非线性流动型。该类型的流动由线性项与非线性项共同作用决定,两项的系数差别不大。例如孔隙率为18.547%和27.410%的 $6^\#$ 和 $7^\#$ 试样,一、二次项系数比值的绝对值约为2左右,这说明一、二次项对流动都有影响,两者对流动的影响相差不大,在压力梯度或渗流速度增大时要向线性流动过渡,流动总体上表现为一般的非线性。发生这类流动的试样,其孔隙率较大,相对的孔径也较大,孔隙内的边界层厚度比较小,对流动的影响发生在流速较小的区域,当流速增大到一定程度时,边界层对流动不再产生影响,流动就进入线性的达西流动。

第2种类型为较强的非线性流动型。该类型的流动仍是由线性项与非线性项共同作用决定的,两项的系数相差较大。例如孔隙率为14.833%的 $1^\#$、15.055%的 $2^\#$,以及9.241%的 $3^\#$ 试样,一、二次项系数比值的绝对值约在

20～25 之间，表明一、二次项对流动都有影响，发生这类流动的试样，其孔隙率较小，或孔径相对较小，边界层的厚度与多数孔隙孔径或孔隙的孔喉大小相当，边界层对流体在孔隙内的流动产生很大的影响。流体要在较大的启动压力下才能发生流动，在很大的压力梯度下流动仍然呈非线性。

第 3 种类型为较强的线性流动型。该类型的流动主要是由线性项作用决定的，虽然非线性项也有一定的影响，但影响不大，因两项的系数相差很大。例如孔隙率为 11.645% 和 11.510% 的 4# 和 5# 试样，一、二次项系数的比值约在80～100 之间，这表明一次项对流动的影响要远远大于二次项对流动的影响。该类型的试样，边界层的厚度要小于绝大多数的孔隙的孔径，启动压力相对上一种类型的要小。这类强烈的线性流动特性还可以从其曲线近似地通过坐标原点的特性反映出来，试样的常数项接近零。

实际上，严格区分上述三大类型的流动十分困难，还需要进行进一步研究，但可以肯定的是，在石墨多孔介质渗流过程中确实存在这样规律。石墨多孔介质中的渗流过程是一个复杂过程，受很多因素影响，不能单说某个渗流过程是单纯的线性渗流或非线性渗流，而是两者共同作用的结果，只是在不同的阶段两种流动在总流动中所占的比重不同而已。

5.3.2.3 饱和非线性渗流的判定

自从达西定律建立以来，人们一直以该定律作为研究流体在多孔介质中渗流的指导。达西定律反映的是驱动力与阻力之间的关系，即施加在多孔介质两端的驱动流体流动力与流体在多孔介质内流动阻力之间的关系，适合于流体的层流流动。后来的众多研究学者发现[44-48]：如果渗流速度进一步增大超过一定值时，渗流速度与压力梯度偏离了线性关系，即不符合达西定律。

流态判别是多孔介质中的非线性渗流研究的重要课题。常采用流体力学研究中判别流态比较普遍的方法——雷诺数 Re 法进行流态判别。Re 的物理意义是惯性阻力与黏滞阻力的比值，即：

$$Re = \frac{惯性阻力}{黏滞阻力} = \alpha^* \frac{\rho v}{\mu} \tag{5-26}$$

式中：ρ 密度（g/cm³）；v 为渗流速度（cm³/s）；μ 为黏滞系数（MPa·s）；α^* 为与孔隙结构、孔隙面积有关的参数。

本课题的研究仍然采用雷诺数作为渗流类型的判据。流体在炭/石墨孔隙中的流动状态与多孔介质的孔隙结构、孔隙率、流体的渗渗速度以及流体的种类有关。渗透率作为流动环境的尺度约束，是评价流体的流动能力在多孔介中能否实现的综合指标。本书采用的是卡佳霍夫-特列宾雷诺数公式[49]：

$$Re = 5.656\ 9\ \frac{v\rho}{\mu\varphi}\frac{\sqrt{K}}{\sqrt{\varphi}}\times 10^{-2} \tag{5-27}$$

式中：v 为渗流速度（cm^3/s）；K 为渗透率（μm^2）；ρ 为密度（g/cm^3）；μ 为黏滞系数（$MPa \cdot s$）；φ 为孔隙率。

用式（5-26）计算的上临界雷诺数为 $Sup\ Re = 0.8 \sim 1.1$，即式（5-27）计算的雷诺数 $Re > Sup\ Re$ 时，流动为非达西（紊流）渗流。由非达西低速渗流向达西渗流转变的下临界雷诺数为 $inf\ Re = 5 \times 10^{-3} \sim 10^{-2}$。

根据卡佳霍夫-特列宾雷诺数计算公式，对各试样的渗流过程的雷诺数进行计算，结果如表 5-5 所示。

表 5-5　试样渗流过程雷诺数

试样	Re	$inf\ Re$	结果
1	$3.087\times10^{-4} \sim 4.438\times10^{-3}$	$5\times10^{-3} \sim 10^{-2}$	$Re < inf\ Re$
2	$2.263\times10^{-4} \sim 2.077\times10^{-3}$	$5\times10^{-3} \sim 10^{-2}$	$Re < inf\ Re$
3	$1.784\times10^{-4} \sim 7.235\times10^{-4}$	$5\times10^{-3} \sim 10^{-2}$	$Re < inf\ Re$
4	$5.859\times10^{-4} \sim 8.826\times10^{-3}$	$5\times10^{-3} \sim 10^{-2}$	$Re < inf\ Re$
5	$5.737\times10^{-4} \sim 1.665\times10^{-2}$	$5\times10^{-3} \sim 10^{-2}$	$Re < inf\ Re$
6	$6.53\times10^{-4} \sim 5.521\times10^{-2}$	$5\times10^{-3} \sim 10^{-2}$	$Re < inf\ Re$
7	$2.269\times10^{-4} \sim 3.476\times10^{-2}$	$5\times10^{-3} \sim 10^{-2}$	$Re < inf\ Re$

由表 5-5，可以看出：

（1）孔隙率为 14.833％、15.055％、9.241％ 的 $1^{\#} \sim 3^{\#}$ 试样的雷诺数均明显小于下临界雷诺数 $inf\ Re$，因此可以根据雷诺数判定流动处于非线性渗流。这点与图 5-5、图 5-6、图 5-7 的渗流曲线所反映的趋势相一致，渗流实验的结果与雷诺数判据形成较好的印证。

（2）孔隙率为 11.645％、11.510％ 的 $4^{\#}$、$5^{\#}$ 试样的雷诺数，只有小部分小于 $inf\ Re$，其余的接近或已超过 $inf\ Re$。因此这两个试样的渗流曲线比较趋向于线性，即呈现线性的达西渗流现象，此结论与图 5-8、图 5-9 的结果相一致。

（3）孔隙率为 18.547％ 和 27.410％ 的 $6^{\#}$、$7^{\#}$ 试样的雷诺数，有一部分要明显小于 $inf\ Re$，随着渗流速度的增加，也有一部分雷诺数超过 $inf\ Re$，所以这两个试样的渗流曲线先呈现非线性的渗流特征，后呈现较强的线性渗流，与图

5-10、图 5-11 的结果一致。

5.3.2.4 炭/石墨多孔介质饱和渗流的变渗透率分析

只有流体在炭/石墨微孔隙中形成流动,才可能通过浸渍使炭/石墨材料性能得到改善。流体通过多孔介质流动的难易程度一般用渗透率指标来衡量,渗透率越大,流体通过炭/石墨多孔介质也就越容易。在相同的浸渍条件下,只有渗透率大的材料,浸渍后才能获得优异的综合性能,因此渗透率是炭/石墨浸渍改性评价的重要指标。

由前面的分析知道,影响流体在炭/石墨多孔介质中流动的因素比较复杂,在渗流实验时,表现出变渗透率特征。

在分析变渗透率之前,简单地介绍渗透系数 K_i 与渗透率 K 的关系。

渗透系数与渗透率是两个完全不同的概念。渗透系数表征的是某种流体通过多孔介质的一种能力,其值的大小既与多孔介质本身有关,也与流体的性质有关,由两者共同决定,其单位量纲 $[L/T]$。著名的达西定律就是借助渗透系数建立了渗流速度与压力梯度之间的关系式。渗透率提出的目的是为了解决多孔介质的渗透能力与流体的性质有关的问题,希望渗透率的值只与多孔介质的性质有关,与流体性质没有关系,其量纲为 $[L^2]$,它们两者之间存在如下关系:

$$K_i = K \cdot \rho g / \mu \tag{5-28}$$

式中　ρ——渗流流体的密度;

　　　μ——渗流流体的动力黏度;

　　　g——当地加速度。

渗透率是多孔介质的固有属性,只要多孔介质结构确定,其值就可确定。事实上许多研究表明[50],绝大多数多孔介质的渗透率不是固定的常数,式(5-28)的处理似乎有点简单,因为水在炭/石墨多孔介质中的流动要发生十分复杂的变化,渗流不是只与流体的密度与黏度有关。

流体在炭/石墨多孔介质中的流动是非线性流动,实验中仍然按压力梯度与渗流流量的关系来定义炭/石墨多孔介质的渗透率,即式(5-29)的形式,称此渗透率为视渗透率:

$$K_s = \frac{\mu Q}{A \operatorname{grad} P} \times 10^2 \tag{5-29}$$

式中　K_s——非达西渗流的视渗透率,$10^{-3} \mu m^2$;

　　　μ——流体的黏度,$MPa \cdot s$;

Q——渗流流量，cm^3/s；

A——渗流过流面积，cm^2；

$gradP$——渗流的压力梯度，MPa/cm。

式(5-29)中视渗透率 K_s 是非线性渗流的测试结果，与达西定律中的渗透率 K 不同点在于 K 是定值。

图 5-12 至图 5-18 为测得的 7 种试样的视渗透率 K_s 的变化趋势。

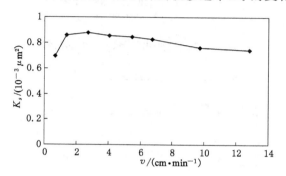

图 5-12　渗透率变化趋势（$\varphi_1 = 14.833\%$）

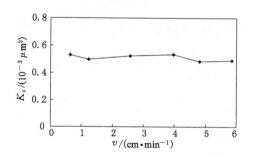

图 5-13　渗透率变化趋势（$\varphi_2 = 15.055\%$）

根据 7 种试样的视渗透率在渗流过程中与渗流速度的变化趋势，可以将炭/石墨多孔介质分成以下几种类型：

（1）视渗透率由小变大逐渐趋于稳定型。

该类型炭/石墨的孔隙率一般较大，其视渗透率的变化又可以分为两个阶段：

① 视渗透率由小逐渐增大阶段。这一阶段视渗透率上升的主要原因是试样受边界层厚度变化与微孔通道中的微小颗粒的影响。一般发生在渗流的开

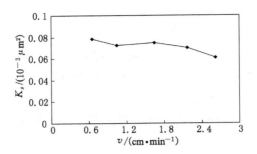

图 5-14 渗透率变化趋势($\varphi_3 = 9.241\%$)

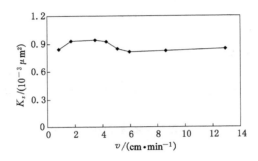

图 5-15 渗透率变化趋势($\varphi_4 = 11.645\%$)

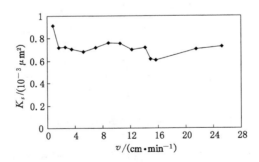

图 5-16 渗透率变化趋势($\varphi_5 = 11.51\%$)

始阶段,视渗透率随着渗流速度的增加而增加,而且有一定的波动,如 1#、4#、6# 以及 7# 试样。该现象可以从微观的角度分两个方面来解释:一是在压力梯度的作用下,炭/石墨微孔通道中的边界层由厚变薄,造成渗流的过流断面面积加大,增大了炭/石墨的渗流能力,视渗透率要增大;二是微孔通道中可能存在微小的颗粒,颗粒是在炭/石墨的制备以及试样加工过程中产生的,在流动的流

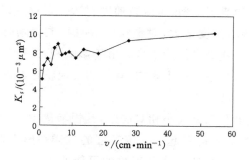

图 5-17　渗透率变化趋势($\varphi_6 = 18.547\%$)

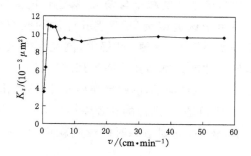

图 5-18　渗透率变化趋势($\varphi_7 = 27.41\%$)

体"冲刷"作用下被带走,使炭/石墨微孔流道更加顺畅,从而也增加了渗流能力,即表现为渗透率的增大。

　　从各图中可以看出,孔隙率越大,视渗透率增大得越明显,例如:7#试样的孔隙率(27.410%)要明显大于 6#试样(18.547%),7#试样的视渗透率的变化幅度明显要比 6#试样的大,如图 5-18 和图 5-17 所示。6#、7#试样的孔隙率明显大于 1#、4#的孔隙率(14.833%、11.645%),因此,6#、7#试样的视渗透率变化要明显比 1#、4#的大得多,图中清楚地体现出来这个特征。孔隙率越大,有效孔径也就越大,微孔中存在微小颗粒数目也就可能越多,颗粒的粒径也可能越大,渗透率变化也就越大。就视渗透率增大的两方面原因来讲,后一种原因对视渗透率造成的影响要比前一种的要大。相比较而言,孔隙率越大,边界层对视渗透率的影响越小。

　　② 视渗透率逐渐趋于平稳阶段。当渗流速度达到一定值后,视渗透率的值趋于稳定。这是因为影响视渗透率的两方面原因已经不存在:压力梯度增大,

渗流速度也要增大,边界层变薄,当压力梯度到达一定程度以后,边界层不再变化;压力梯度增加,渗流速度增大,对颗粒的"冲刷"能力增强,经过一段时间以后,微孔中微小颗粒杂质基本排除干净。由于影响视渗透率的两方面因素不存在,所以对渗透能力也就不再产生影响,对外的表现就是渗透率基本趋于平稳。

（2）视渗透率波动型。

该类型炭/石墨的孔隙率大小相对居中,其视渗透率波动是由炭/石墨微孔中细小颗粒堆积与驱替流动引起的。该类型的试样在整个测试过程中的渗透率基本在某一范围内变化,造成这种现象的可能原因:一是微孔隙中存在的细小颗粒在流体的"冲刷"作用下移动,在移动过程中部分小颗粒发生堆积甚至再被冲散,造成微孔通道过流截面的减小与增大,渗透性能要降低或升高,即引起视渗透率的波动;二是由于该类型炭/石墨多孔介质的孔隙中存在较多的孔喉或孔隙相对不大,部分微小颗粒"冲刷"过程中,流经孔喉处要引起过流截面积的波动,视渗透率也发生波动。例如孔隙率为15.055％和11.510％的 2# 和 5# 试样,其视渗透率在一定范围内波动,图中反映出 5# 试样的孔隙率波动范围要大一些。发生这种现象的原因是 5# 试样的孔隙率(11.510％)小于 2#(15.055％),微孔隙的孔径相对也就较小,受到堵塞时的影响就更大,表现为视渗透率的波动范围更大。

（3）视渗透率下降型。

该类型的炭/石墨孔隙率一般较小,其视渗透率下降的原因是细小颗粒堵塞和外加力场作用的结果。该类型试样在整个测试过程中的视渗透率呈现逐渐下降的趋势,表现出单调下降的特性,造成这种现象的可能原因:一是孔隙中的细小颗粒在"冲刷"作用下移动,流经孔喉处时可能要发生堵塞,使原本的通孔变成"盲孔",使视渗透率下降;二是在外加力场的作用下,炭/石墨可能要发生变形,微孔隙结构发生变化,使视渗透率下降。这两种原因,在前两种类型的材料中也存在,但是不明显,这是因为该类型材料的孔隙率(9.241％)较低,微孔隙的孔径相对较小,微小颗粒在被"冲刷"流动的过程中孔喉处发生堵塞且颗粒不易通过的可能性很大,连通孔隙的逾渗状态发生了改变,不断有盲孔生成,从而降低了微孔的流通能力,表现为视渗透率的下降。材料的孔隙率越低,渗流需要施加的压力梯度也就越大,作用在试样四周的围压也就越大(约为孔隙率 27.41％的 3 倍),试样的变形也就越大,对孔隙结构的影响越大,渗透性能也就下降。

综上所述,炭/石墨多孔介质的渗透能力是炭/石墨的微孔隙结构性质(孔隙率、有效孔径的大小、孔隙中微小颗粒的大小及数量)、渗流力场(压力梯度)以及渗流的流体的性质等因素综合作用的结果。

5.4 炭/石墨多孔介质的渗流模拟

数字岩芯技术使多孔炭/石墨三维有限元模型建立变得可能,而无须选用特定的物理模型,或进行大量简化工作。本节主要应用 CFD 软件,以水作为介质,对不同的工况下孔隙内部的渗流流动进行模拟[51]。

5.4.1 CFD 模拟设置

煤基多孔炭内部孔隙中流场的流动遵循质量、能量与动量的守恒,对于处于湍流状态下的流体来说,还需要满足湍流运输方程。

质量守恒方程也可以称为连续性方程,简单表述就是单位时间内流体微元的质量变化率为零,多孔炭孔隙内部流动的流体为不可压缩流体,密度为常数。动量守恒方程就是 N-S 方程,其方程本身满足牛顿第二定律,可表述为流体微元动量对时间的变化率与受到外界作用力的矢量和。炭多孔介质内流体流动的控制方程组为:

$$
\begin{cases}
\dfrac{\partial u}{\partial x} + \dfrac{\partial v}{\partial y} + \dfrac{\partial w}{\partial z} = 0 \\[2mm]
\dfrac{\rho \partial u_i}{\partial t} + \dfrac{\rho \partial u_i u_j}{\partial x_j} = -\dfrac{\partial p}{\partial x_i} + \dfrac{\partial \tau_{ij}}{\partial x_j} + \rho g_i + F_i \\[2mm]
\dfrac{\partial \rho E}{\partial t} + \dfrac{\partial}{\partial x_j}(u_i(\rho E + p)) = -\dfrac{\partial}{\partial x_i}(\lambda \dfrac{\partial T}{\partial x_j} - \sum_j h_j J_j + u_j \tau_{ij}) + S_h
\end{cases}
$$

$$(5\text{-}30)$$

式中,ρ 为流体的密度;u、v、w 表示流体速度分别在 x、y、z 方向的分量;p 为流体微元受到的压力;τ_{ij} 为分子之间的黏性力分量;F_i 为作用在流体微元上的质量力;λ 是传热系数;J_j 是组分 j 的扩散流量;S_h 代表流体黏性热耗散项;E 是流体的内能、动能、势能之和。

煤基多孔炭孔隙中流体的流动方式主要是湍流流动,其在流体仿真中应该得到足够的重视。实验结果显示,当 Re 低于某临界值时,流体的流动行为被认为是平稳的。当流体层之间按一定规律进行有序的流动,该行为被称为流体的层流现象。当 Re 大于某临界值,相邻流体层之间的有序流动行为受到了极大的破坏，此时流体的流动行为被认为是极其不稳定的，这种状态称为湍流。本书选用 ANSYS Fluent 中的 k-ε 湍流模型来表述煤基多孔炭孔隙内部的湍流流动。在原有系统方程中，质量守恒方程采用式（5-30）中的表达式，动量守恒方程表达式为：

$$\frac{\partial \rho U}{\partial t} + \nabla(\rho^U \otimes \mu) - \nabla(\mu_{\text{eff}} \nabla\mu) = \nabla p' + \nabla(\mu_{\text{eff}} \nabla\mu)^{\text{T}} + B \qquad (5\text{-}31)$$

式中，B 为体积力总和；μ_{eff} 为有效黏度；p' 是修正压力。其表达式为：

$$\begin{cases} \mu_{\text{eff}} = \mu + \mu_t \\ p' = p + \dfrac{2}{3}\rho k \end{cases} \qquad (5\text{-}32)$$

式中，μ_t 是湍流黏度，即：

$$\mu_t = C_\mu \rho \frac{k^2}{\varepsilon} \qquad (5\text{-}33)$$

k-ε 值直接从湍流动能和湍流动能耗散方程中求解，湍流动能方程为：

$$\begin{cases} \dfrac{\partial(\rho k)}{\partial t} + \nabla(pUk) = \nabla\left[\left(\mu + \dfrac{\mu_t}{\sigma_k}\right)\nabla k\right] + P_k - \rho\varepsilon \\ \dfrac{\partial(\rho\varepsilon)}{\partial t} + \nabla(\rho U\varepsilon) = \nabla\left[\left(\mu + \dfrac{\mu_t}{\sigma_\varepsilon}\right)\nabla\varepsilon\right] + \dfrac{\varepsilon}{k}(C_{\varepsilon_2} P_k - C_{\varepsilon_1}\rho\varepsilon) \end{cases} \qquad (5\text{-}34)$$

式中，C_{ε_1}、C_{ε_2}、σ_k、σ_ε 为常数。P_k 是黏性力和浮力的湍流产物。

为了研究不同压力、不同孔隙结构、不同流出方向对内部渗流流动的影响，分析与评价基于不同情况下模型内截面压力、水流速度、质量流量等参数对渗流效果的影响。其中，压力入口的压强分别选取 2.5、5、7.5 MPa 进行渗透模拟。速度与压力耦合使用 Simple 算法。

（1）模型的基本设置：煤基多孔炭三维模型的尺寸是体素为 7.91 μm 的 200 px×200 px×200 px 的表征单元体，即模型为 1.582 mm 立方体结构，改表征单元体内部的最大孔隙团位于 y 轴平面上，以 y 轴的相对两面为主要研究对象，重力的方向始终沿着压力差的正方向。

（2）材料属性的设置：不可压缩的连续牛顿水体。

（3）进口条件的设置：压力进口，速度均匀分布。

（4）出口条件的设置：出口条件为压力出口。

为了更好地进行流体在煤基多孔炭孔隙内部的渗透模拟，作如下假设：

（1）模型的炭基质骨架与水体发生接触的表面不会产生吸水现象。

（2）模拟过程中的水体流动只受到压力与重力的影响。

5.4.2 渗流模拟结果

5.4.2.1 不同压降对渗流效果的影响

不同压降下 Y 正向进口、Y 负向出口的压力与速度分布如图 5-19 所示。

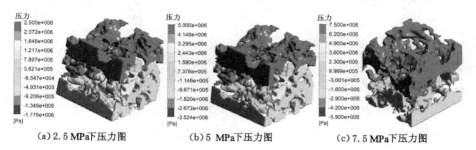

(a)2.5 MPa下压力图　　(b)5 MPa下压力图　　(c)7.5 MPa下压力图

图 5-19　不同压力下 Y 正向进口的压力分布

从图 5-19 可看出,不同压力下 Y 正向进口的压力在同一多孔炭三维孔隙模型中压力下降趋势整体是相同的,即沿着水渗流的方向,各个截面的平均压力在逐渐减小。此外,虽然压力在整体趋势上相同,但在局部范围内在水流经过急剧变小且急剧弯曲的狭窄孔隙处,压力急剧降低,而内部弯曲且连通的 U 形孔隙形成了一个速度空穴,压力在此处形成负压,随着压力的增大,负压的辐射范围也在扩大。从图 5-20 可看出,在不同压降下同一多孔炭三维孔隙模型中,流体会沿着连通的孔隙流动,而一些"死孔"或"闭孔"则不会发生渗流,并且流速沿着渗流方向逐渐降低。

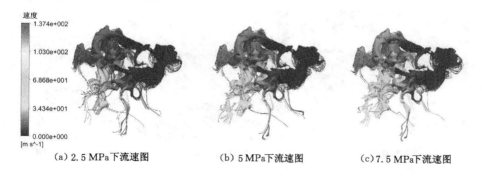

(a)2.5 MPa下流速图　　(b)5 MPa下流速图　　(c)7.5 MPa下流速图

图 5-20　不同压力下 Y 正向进口的速度云图

沿 Y 轴正向设置距模型 Y 面不同位置的截面($Y=0.4$ mm,0.8 mm,1.2

mm)得到相应截面上的压力与速度分布情况,如图 5-21 及图 5-22 所示。并且在同一截面处得到不同的压降的渗流速度云图,如图 5-23 所示。

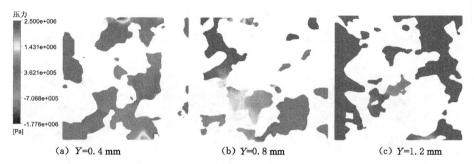

(a) $Y=0.4$ mm　　　　　(b) $Y=0.8$ mm　　　　　(c) $Y=1.2$ mm

图 5-21　同一压力(2.5 MPa)下不同截面下 Y 正向进口的压力云图

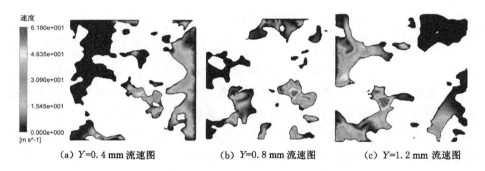

(a) $Y=0.4$ mm 流速图　　　(b) $Y=0.8$ mm 流速图　　　(c) $Y=1.2$ mm 流速图

图 5-22　同一压力(2.5 MPa)下不同截面下 Y 正向进口的速度云图

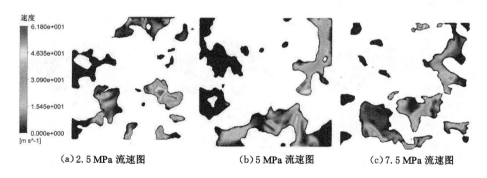

(a)2.5 MPa 流速图　　　　(b)5 MPa 流速图　　　　(c)7.5 MPa 流速图

图 5-23　同一截面($Y=0.8$ mm)下不同压降下 Y 正向进口的速度云图

分析图 5-21、图 5-22、图 5-23 的截面云图可得出:狭小细长的连通孔隙是流体流动的主要流通形式,虽在选取表征单元以及重构三维模型时,已删除孤立孔隙,模型内大部分孔隙都是连通的,但是流体流经的路线大多选择距离压力出口最近的连通孔隙,稍有弯曲的孔隙都被直接忽略,模型里的很多孔隙没有水体的流动。从模拟的结果来看,压降的增大并不能有效地改变渗流的路径,但从速度流线图上来看,随着压降的增大,部分连通孔隙体现出微弱的流线产生。从速度截面图上来看,在有流场经过孔隙结构的情况下,孔隙半径越小,流速越快。对于单个孔隙,越靠近孔隙形态学中心流速越快,越靠近壁面流速越慢。

图 5-24、图 5-25、图 5-26 是 Y 向进口的各截面参数平均值的折线图。从图上可看出,不同压降下的各个流场压力、流速以及质量流量的变化趋势大致相同。对于流速和质量流量来说,数值降低代表流场通过孔隙面积的增大,减速越快,说明有效孔隙面积就变化得越快。在速度场曲线中,在截面 $Y = 0.8$ mm 处,2.5 MPa 压降下流速的变化趋势与其余两种压降下不同,代表有效孔隙面积增加的趋势,在这种压降下减少。结合流线图分析,更强的压降为周围没有获得水体通过的连通孔隙打开了一条渗流通道,而 2.5 MPa 压降下截面处的压力过低,无法分流。

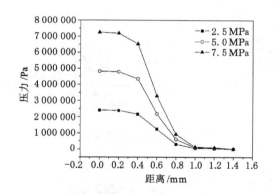

图 5-24　不同压降下各截面的压力曲线图(Y 正向)

5.4.2.2　不同孔径进口对渗流效果的影响

在 Y 的正向与负向进口方向上,孔径各不相同,通过比较两个方向不同位置的渗流情况,可以分析不同孔径对渗流的影响。不同压降下 Y 负向进口的压力与速度分布如图 5-27 与图 5-28 所示。而 Y 正向出口的压力与速度分布前已阐述。

通过与图 5-19、图 5-20 的 Y 正向进口整体模型压力和流速分布云图对比,

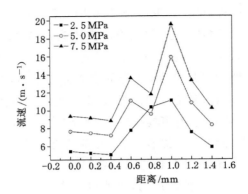

图 5-25　不同压降下各截面的流速曲线图（Y 正向）

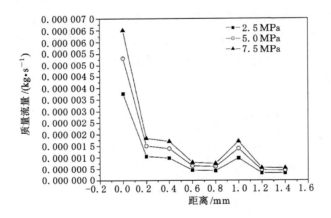

图 5-26　3 种不同压降下各截面的质量流量曲线图（Y 正向）

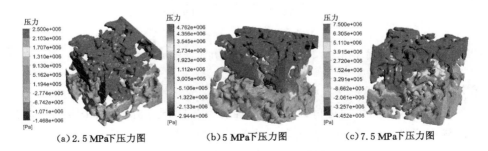

（a）2.5 MPa下压力图　　　（b）5 MPa下压力图　　　（c）7.5 MPa下压力图

图 5-27　不同压降下 Y 负向进口的压力云图

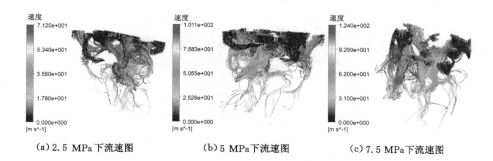

(a) 2.5 MPa下流速图　　　　(b) 5 MPa下流速图　　　　(c) 7.5 MPa下流速图

图 5-28　不同压降下 Y 负向进口的速度云图

可以看出,相比于正向进口,负向进口的流场所流经的流域要比正向进口的多。从整体压力分布上可以看出,位于模型 $Y=0.87$ mm 面处的一条曲折变化的孔隙通道限制流体的通过从而使流场汇聚,通过 2.5 MPa 压降下的不同进口的流线图可以看出,正向进口的最高流速为 13.74 m/s,负向进口的最高流速为 7.12 m/s。两种不同方向进口的最高流速产生的位置都在汇聚了大量流线的狭长孔隙中。可见,孔隙结构对多孔介质渗流效果的影响尤其突出,这段孔隙的低孔径比限制了流体的流通,只有汇聚更高的流速才能通过该孔隙段。

　　通过对多孔炭三维孔隙结构模型进行渗流模拟,我们得到不同 Y 向进口在 3 种不同压降下各截面的压力曲线图、流速曲线图与质量流量曲线图,分别如图 5-29、图 5-30、图 5-31 所示。

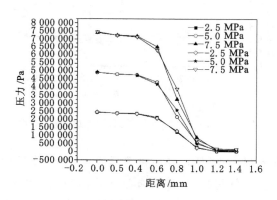

图 5-29　不同压降下各截面的压力曲线图

　　图 5-29、图 5-30、图 5-31 是 Y 向进口与 -Y 向进口的截面平均参数的对比折线图。从这 3 个图可看出,在不同压降下,压力、质量流量与流速大体变化趋

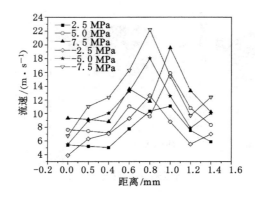

图 5-30　不同压降下各截面的流速曲线图

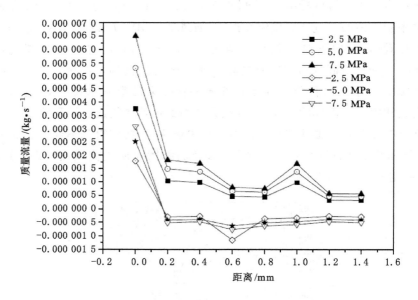

图 5-31　不同压降下各截面的质量流量曲线图

势相同,局部存在差异,对于流速和质量流量来说,数值降低代表流体通过的孔隙面积增大,而速度降低得越快,说明有效孔隙面积变化得越大。从图 5-29 可得出:Y 向正向进口与负向进口,二者在压力降低的趋势上拟合,而在 0.6 mm 到 1 mm 处压力迅速降低说明该部分多孔炭的连通孔隙数量急剧减少。从图 5-30 可得出:同种介质流体在相同压降下通过同一条孔隙的不同入口截面的渗流速度各不相同,不同压降从 Y 正向进口到 1 mm 处的速度逐渐增大,1 mm 处的速度达到最大,随后又降低,而 Y 负向进口在 0.8 mm 处流速达到最大随后急速降低,在 1.2 mm 处流速又随之增加,这体现了多孔介质孔隙结构的各向异性,表明在各个截面渗流速度的变化趋势受到内部孔隙结构的影响较为显著。从图 5-31可得出:负向进口的流体的质量流量在 $Y=0.2$ mm 截面处经过急剧减小后就趋于平稳,而正向进口的流量在经过 $Y=0.2$ mm 截面后,流量仍处于波动状态,且正向进口的平均质量流量均高于负向进口的质量流量,正向进口的平均渗流流速小于负向进口的平均渗流流速,这表明负向进口的流体经过的孔隙通道狭长细小、截面积小,从正向进口端延伸进去的内部孔隙通道大而多,这与图 5-20 与 5-28 的不同压力下 Y 向正负向进口的速度云图模拟结果一致。

5.4.2.3 多向出口对渗流效果的影响

设置 Y 正向或 Y 负向的设定面为压力进口,X 与 Z 方向的正负向都为压力出口,在入口压力分别为 2.5、5、7.5 MPa,出口压力为 0 的条件下,对此多孔炭模型进行多项出口渗流模拟,模拟结果如图 5-32、图 5-33、图5-34所示。

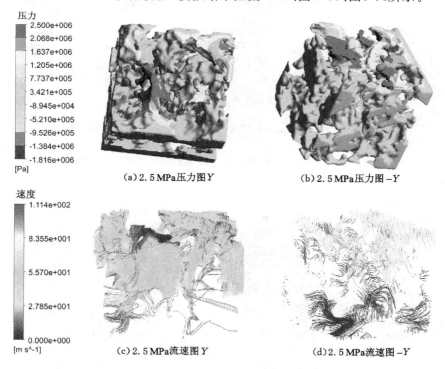

图 5-32 2.5 MPa 下 Y 向与 Y 负向出口的压力与速度云图

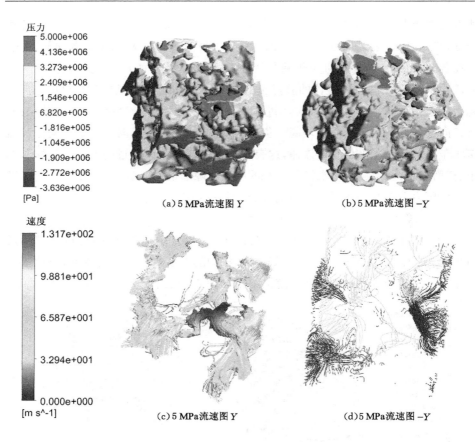

压力
5.000e+006
4.136e+006
3.273e+006
2.409e+006
1.546e+006
6.820e+005
-1.816e+005
-1.045e+006
-1.909e+006
-2.772e+006
-3.636e+006
[Pa]

速度
1.317e+002
9.881e+001
6.587e+001
3.294e+001
0.000e+000
[m s^-1]

(a) 5 MPa 流速图 Y 　　(b) 5 MPa 流速图 $-Y$

(c) 5 MPa 流速图 Y 　　(d) 5 MPa 流速图 $-Y$

图 5-33　5 MPa 下 Y 向与 Y 负向出口的压力与速度云图

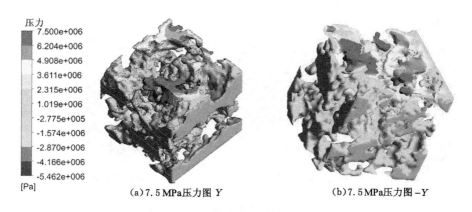

压力
7.500e+006
6.204e+006
4.908e+006
3.611e+006
2.315e+006
1.019e+006
-2.775e+005
-1.574e+006
-2.870e+006
-4.166e+006
-5.462e+006
[Pa]

(a) 7.5 MPa 压力图 Y 　　(b) 7.5 MPa 压力图 $-Y$

图 5-34　7.5 MPa 下 Y 向与 Y 负向出口的压力与速度云图

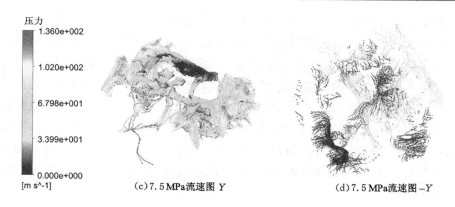

(c)7.5 MPa流速图 Y   (d)7.5 MPa流速图 −Y

图 5-34(续)   7.5 MPa 下 Y 向与 Y 负向出口的压力与速度云图

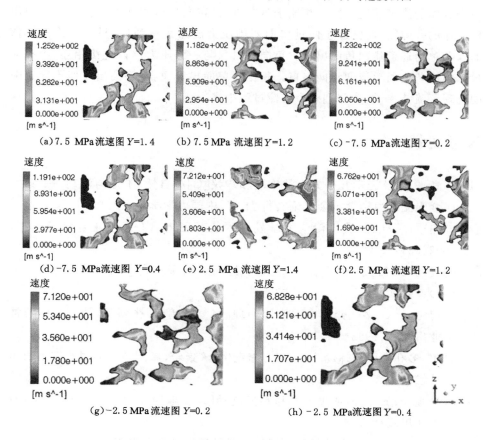

(a)7.5 MPa 流速图 Y=1.4   (b)7.5 MPa 流速图 Y=1.2   (c)−7.5 MPa 流速图 Y=0.2

(d)−7.5 MPa流速图 Y=0.4   (e)2.5 MPa 流速图 Y=1.4   (f)2.5 MPa 流速图 Y=1.2

(g)−2.5 MPa流速图 Y=0.2   (h)−2.5 MPa流速图 Y=0.4

图 5-35   不同压降下接近压力入口的截面速度云图

与之前单向进出口的模拟结果不同,多向出口让流体的渗流路径多变,压力下降幅度增大。对于 Y 正向进口的多向流动,由于正向面存在较多的与其他壁面连接的孔隙团,大量渗流从四周壁面流出,模型下半部分几乎没有流体通过。对于 Y 负向进口的多向流动,流动的主体依旧沿单向流动的路线流出;相比单向流动,由于四周压力出口的存在,多向流动过程中出现了许多流经其他孔隙的渗流分流,渗流轨迹复杂多变。从渗透轨迹上看,Y 负向进口的多向渗流更能满足工业上充分浸渍炭/石墨产品的需求。由于煤基多孔炭内部孔隙结构的不规则性与各向异性,连接任意压力出口与压力进口的空间最短孔隙通道里将出现最大渗流。

图 5-35 展示了在 2.5 MPa 与 7.5 MPa 的压降下,离各自压力入口最近的两个截面的渗流速度云图。相比于负向进口,正向进口端面由于拥有与压力出口连通的孔隙团,流体经正向进口向四周压力出口大量涌出,只有少许流体依旧顺着单向通道流向负向出口。负向进口只与一面压力出口直接相连,仍有大量流体沿单向通道流向正向出口。相比于单向出口而言,多向出口使不同孔隙间出现了流体流动,参与到整个渗流过程中来。

参考文献

[1] 郭尚平. 渗流力学几个方面的进展和建议[C]//自然、工业与流动——第六届全国流体力学学术会议论文集. 上海:中国力学学会,2001.

[2] 刘建军,裴桂红. 我国渗流力学发展现状及展望[J]. 武汉工业学院学报,2002(03):99-103.

[3] 刘俊丽,刘曰武,黄延章. 渗流力学的回顾与展望[J]. 力学与实践,2008(01):94-97.

[4] 薛定谔 A. E. 多孔介质中的渗流物理[M]. 王鸿勋,张朝琛,译. 北京:石油工业出版社,1982.

[5] 贝尔. 多孔介质流体动力学[M]. 李竞生,陈崇希,译. 北京:中国建筑工业出版社,1983.

[6] 科林斯 R. E. 流体通过多孔材料的流动[M]. 陈钟祥,吴望一,译. 北京:石油工业出版社,1984.

[7] 孔祥言. 高等渗流力学[M]. 合肥:中国科学技术大学出版社,2010.

[8] 李学文. 乳状液在孔隙介质中渗流规律的研究[D]. 大庆:大庆石油学

院,2004.

[9] 李传亮,孔祥言,徐献芝,等.多孔介质的流变模型研究[J].力学学报,2003,35(2):230-234.

[10] 石志良,朱维耀,单文文.多孔介质伴有相变多相流的热-流-固耦合数学模型[J].中国科学技术大学学报,2004,34(s1):501-507.

[11] 徐曾和.渗流的流固耦合问题及应用[J].岩石力学与工程学报,1999(5):497-502.

[12] 李祥春.煤层瓦斯渗流过程中流固耦合问题研究[D].太原:太原理工大学,2005.

[13] 李培超.多孔介质流-固耦合渗流数学模型研究[J].岩石力学与工程学报,2004,23(16):2842-2842.

[14] 陈庆中,张弥,冯星梅.应力场、渗流场、流场耦合系统问题[J].工程力学,2000(06):53-58.

[15] 陈波,李宁,禚瑞花,等.多孔介质的变形场-渗流场-温度场耦合有限元分析[J].岩石力学与工程学报,2001,20(4):467-467.

[16] 胡国新,田芩蔚,王国祥.高温金属熔液在旋转多孔介质内的渗流传热过程[J].化工学报,2002,53(7):705-710.

[17] 王补宣.多孔介质中单相对流换热分析的流体渗流模式[J].上海交通大学学报,1999,33(8):966-968.

[18] Chang C Y. Simulation of molten metal through a unidirectional fibrous preform during MMC processing[J]. Journal of materials processing technology,2009,209(9):4337-4342.

[19] 刘政,龚平.金属基复合材料凝固过程计算机模拟(Ⅲ)[J].南方冶金学院学报,2001(03):178-184.

[20] 张勇,闻德荪,舒光冀,等.液态铝在多孔介质中低压渗流过程的模拟实验研究[J].实验力学,1994(01):24-30.

[21] HUMBY S J,BIGGS M J,TÜZÜN U. Explicit numerical simulation of fuilds in reconstructed porous media[J]. Chemical engineering science,2002,57(11):1955-1968.

[22] BRUNEAU C H,MORTAZAVI I. Numerical modelling and passive flow control using porous media[J]. Computers and fluids,2008,37(5):488-498.

[23] 宋怀玲. 几类地下渗流力学模型的数值模拟和分析[D]. 济南：山东大学，2005.

[24] ADLER P M，THOVERT J F. Real porous media：local geometry and macroscopic properties[J]. Applied mechanics reviews，1998，51（9）：537-585.

[25] VIDAL D，RIDGWAY C，GRÉGOIRE PIANET，et al. Effect of particle size distribution and packing compression on fluid permeability as predicted by lattice-Boltzmann simulations[J]. Computers & chemical engineering，2009，33（1）：256-266.

[26] AALTOSALMI U，KATAJA M，KOPONEN A，et al. Numerical analysis of fluid flow through fibrous porous materials[J]. Journal of pulp and paper science，2004，30（9）：251-255.

[27] 李军华. 大坝渗流监测系统设计及渗流计算机模拟[D]. 郑州：郑州大学，2004.

[28] 黄进. GMT 熔融浸渍工艺研究[D]. 上海：华东理工大学，1999.

[29] 徐欢. 渗流法多孔泡沫铝的制备研究[D]. 西安：西北工业大学，1999.

[30] YU B M，CAO H Q. A fractal in-plane permeability model for fabrics[J]. Polymer composites，2002，23（2）：201-221.

[31] YU B M，CHEN P. A fractal permeability model for bi-dispersed porous media[J]. International journal of heat & mass transfer，2002，45（14）：2983-2993.

[32] 刘伟. 多孔介质传热传质理论与应用[M]. 北京：科学出版社，2006.

[33] YU B M. Advances of fractal analysis of transport properties for porous media[J]. Advances in mechanics，2003.

[34] PITCHUMANI R，RAMAKRISHNAN B. A fractal geometry model for evaluating permeabilities of porous performs used in liquid composite molding[J]. International journal of heat and mass transfer，1999，42（12）：2219-2232.

[35] 雷树业，王利群，贾兰庆，等. 颗粒床孔隙率与渗透率的关系[J]. 清华大学学报（自然科学版），1998（05）：78-81.

[36] 刘俊亮，田长安，曾燕伟，等. 分形多孔介质孔隙微结构参数与渗透率的分维关系[J]. 水科学进展，2006，17（6）：812-817.

[37] 李留仁,赵艳艳,李忠兴,等.多孔介质微观孔隙结构分形特征及分形系数的意义[J].石油大学学报(自然科学版),2004(03):105-107+114.

[38] 邓英尔,黄润秋.岩石的渗透率与孔隙体积及迂曲度分形分析[C]//第八次全国岩石力学与工程学术大会论文集.成都:中国岩石力学与工程学会,2004.

[39] PRADA A,CIVAN F. Modification of darcy's law for the threshold pressure gradient[J]. Journal of petroleum science & engineering,1999,22 (4):237-240.

[40] SANYAL S K,PIRNIE E M III,CHEN G O,et al. A novel liquid permeameter for measuring very low permeability[J]. Society of petroleum engineers journal,1972,12(3):206-210.

[41] 肖鲁川,甄力,郑岩.特低渗透储层非达西渗流特征研究[J].大庆石油地质与开发,2000(5):27-28.

[42] 宋付权,刘慈群.低渗透多孔介质中新型渗流模型[J].新疆石油地质,2001,22(1):56-58.

[43] 吴景春,袁满,张继成,等.大庆东部低渗透油藏单相流体低速非达西渗流特征[J].东北石油大学学报,1999,23(2):82-84.

[44] BEAR J. Principles of water percolation and seepage [M]. Paris: UNESCO,1968.

[45] ENGELHARDT W V,TUNN W L M. The flow of fluids through sandstones[R]. Urbana:State Geological Survey,1955.

[46] LUTZ J F,KEMPER W D. Intrinsic permeability of clay as affected by clay-water interaction[J]. Soil Science,1959,88(2):83-90.

[47] HANSBO S. Consolidation of clay with special reference to influence of vertical sand drains[R]. Stockholm:Swedish Geotechnical Institute Proceedings,1960.

[48] MILLER R J,LOW P F. Threshold gradient for water flow in clay systems[J]. Soil science society of America journal,1963,27(6):605.

[49] 翟云芳.渗流力学[M].3版.北京:石油工业出版社,2009.

[50] 王建忠,姚军,张凯,等.变渗透率模量与双重孔隙介质的压力敏感性[J].中国石油大学学报(自然科学版),2010,34(3):80-83,88.

[51] 吕邦民.煤基多孔炭的孔隙三维表征及渗透研究[D].徐州:中国矿业大学,2019.

6　机械领域用石墨浸渍材料及其性能

6.1　引言

石墨材料是一种特殊的固体润滑材料,具有耐高温、导热性、自润滑性、可塑性以及化学稳定性等优良性能[1],在化工、冶金、电力、宇航、核工业等许多领域中已得到广泛的应用[2]。但是,作为耐磨密封材料,机械强度较低,特别是受制备工艺的限制,石墨制品总气孔率可达到20%～30%[3]。大量的气孔存在,必然会对制品的性能产生影响,所以必须通过浸渍的方法来提高石墨制品的性能[4]。目前,常用的浸渍剂有沥青、树脂类、盐类、玻璃以及各种金属或合金等。浸渍类材料就是在高温高压下将熔融的物料浸到石墨的开放气孔中,从而形成牢固的网状结构。

6.1.1　浸渍石墨材料

浸渍剂的性质决定浸渍类石墨的化学稳定性、热稳定性、机械强度和应用温度范围[5]。通常使用的浸渍剂有沥青、树脂、盐类、巴氏合金、Ag、Al 合金、Cu-Pb 合金、Sb、矿物油、植物油等。当使用温度小于或等于 170 ℃时,可选用浸渍树脂。常用的浸渍树脂有酚醛树脂、环氧树脂和呋喃树脂。酚醛树脂耐酸性好,环氧树脂耐碱性好,呋喃树脂耐酸性和耐碱性都较好,因此浸渍呋喃树脂石墨密封环应用最为普遍。当使用温度大于 170 ℃时,应选用浸金属的石墨密封环,如在 240～1 000 ℃的温度下工作,其机械性能可提高 3～6 倍,因而是制作机械密封、轴承等零部件的理想材料。浸渍金属类石墨材料有很多种,但在应用过程中要考虑所浸金属的熔点,耐介质腐蚀性等[6]。

（1）浸渍树脂类石墨材料

石墨材料最初用在电极上,为了提高石墨电极的防腐蚀性能,结合树脂材料超强的抗腐蚀性能,人们想到了在石墨材料中浸渍树脂。1872年人类第一次合成酚醛树脂高分子化合物,酚醛树脂开始获得广泛应用。经过一百多年的不断生产实践,它已被广泛地用于涂料、黏合剂、防腐材料、离子交换树脂和各种塑料制品中。特别是石墨制品的异军突起,用酚醛树脂浸渍石墨制造的设备防腐蚀效果特别好,由此引起人们的高度重视。该种材料多用于轻负荷阀门密封,汽车水泵密封,洗衣机和其他家用设备、汽油计量泵密封等。但是浸渍树脂石墨材料的高温摩擦磨损性能较差,不适合用于温度高于400℃的热动力设备的大负荷工况,多用作较低温度下的密封材料。要提高石墨材料的摩擦磨损性能,还须寻找其他浸渍类材料。

（2）浸渍巴氏合金石墨材料

浸渍巴氏合金石墨材料是一种良好的固体润滑及耐磨材料。适合在-200~200℃的空气、水、油、液氧和海水等介质中工作。可用于气体压缩机、油泵、潜水电机（泵）、水轮机活塞环、断面密封环、导轴承、止推轴承和轴瓦等。与其对磨的摩擦副材料可以是铸铁、硬质合金和不锈钢等。

（3）浸渍银石墨材料

浸银石墨复合材料生产工艺成熟,材料性能优良,具有良好的导热性能和很大的刚度,金属银在高温、高压、高速下产生熔化析出和塑性流动形成了大面积连接,不仅降低了摩擦,而且有利于密封。但是由于金属银价格高,浸渍金属银成本太高,所以除了特殊情况必须使用外,人们在寻找一种廉价的金属来代替银。

（4）浸渍铝合金石墨材料

金属铝和银一样,具有优良的塑性与延展性,所以人们想到用铝或铝合金作为石墨材料的浸渍剂。虽然金属铝合金的成本低,但是由于铝的活动性较高,容易发生化学反应,并且铝合金晶体结构受到高温会发生突变,浸渍的石墨产品很容易开裂、变形。即使对浸渍工艺进行改进,仍无法改变铝的固有性质,无法彻底消除材料的开裂变形,因此浸铝合金石墨材料的应用受到很大限制。

（5）浸渍铜石墨材料

浸渍铜石墨材料具有良好的导电、导热、耐电弧烧蚀、抗熔焊性能以及低热膨胀系数,因而广泛应用于电刷、密封材料等[7],并可望作为热控制材料来满足一些特殊部件的要求,如卫星太阳能电力系统部件、大功率可控硅支撑电极、高性能散热片、大规模集成电路热沉等[8]。人们一直采用传统的粉末冶金方法生产这种复合材料,近年来,有人研究用金属浸渗法和涂层石墨制造铜-石墨复合材料[9],显著地提高了复合材料的热导率和导电率。但是由于铜的浸润角大,要求的浸渍压力高,铜液在石墨基体内部的流动性差,因此浸渍铜的石墨材料制备工艺复杂,存在较多缺点。

（6）浸渍锑石墨材料

浸渍锑石墨材料具有良好的自润滑性能,它适合在－60～500 ℃的水、空气、过热蒸汽以及弱酸和浓碱等介质中工作,是石油、化工、化纤、炼油、机械、冶金、铸造等部门的理想密封抗磨材料[10]。浸渍锑石墨材料在高温下具有高机械强度、低摩擦、高耐磨且良好摩擦匹配性能,由于锑熔点较高,浸渍锑石墨材料的高温耐磨性能明显优于浸树脂、浸巴氏合金和浸铝合金等,是一种应用前景非常好的摩擦领域特种工程材料[11]。

6.1.2　炭/石墨材料的应用领域

（1）密封领域

炭/石墨材料重要的用途之一是密封领域。密封是一门综合性的新兴学科,它是研究密封装置设计、密封材料和密封机理的科学。密封技术主要应用于流体机械和动力机械中,是机械设备防漏、节能以及控制环境污染的重要基础件。密封领域中应用最多的是旋转轴密封,旋转轴密封技术包括机械密封、唇形密封、干气密封、迷宫密封等。各种密封用石墨性能见表 6-1。

表 6-1　各种密封用石墨性能

材料性能	体积密度 /(g·cm⁻³)	抗折强度 /MPa	抗压强度 /MPa	硬度 (HS)	孔隙率 /%	使用温度 /℃
机械密封	1.85	76	255	95	5.5	250
唇形密封	1.92	75	235	90	≤1.5	350
干气密封	2.3	95	290	100	≤2	400
磨煤机密封 1	2.25	80	290	115(HR)	≤2.5	400
磨煤机密封 2	2.2	60	210	70	≤2.5	400
磨煤机密封 3	2.45	80	270	90	≤2	400

机械密封性能可靠、泄漏量小、使用寿命长、功耗低,不需要经常维修,其缺点是结构复杂、对加工制造要求高,安装和更换也比较麻烦,应用范围窄。主要

适用于机床、离心泵、流程泵、压缩机、搅拌机以及汽车冷却泵中[12]。图 6-1 展示了两种用于机械密封的炭素密封环。

(a)　　　　　　　　　　　(b)

图 6-1　机械密封用炭素密封环

唇形密封可以分为旋转油封(简称油封)、V 形密封、旋转高压组合封。旋转油封一般由以橡胶、金属骨架、弹簧 3 部分组成,是靠挠性密封元件与旋转轴之间的过盈配合形成的,通常它安装在旋转设备中的旋转轴端部,在压差较小的条件下,对流体和润滑脂起密封作用。唇形密封的影响参数主要有橡胶材料的性能、结构参数、使用环境等,与其他形式动密封装置相比,它具有形态小、结构简单、安装拆卸方便、价格低廉、密封性好、随动性优良,以及对被密封部件加工精度要求低等特点,因此广泛应用于工程机械的变速器、驱动桥等部件中。图 6-2 展示了两种用于唇形密封的石墨密封环。

(a)　　　　　　　　　　　(b)

图 6-2　唇形密封用石墨密封环

干气密封和普通平衡型机械密封相似,由静密封环和动密封环组成,其中静密封环由弹簧加载,并靠"O"形橡胶圈进行辅助密封。与其他密封相比,干气密封具有泄漏量小、磨损小、寿命长、能耗低、操作简单可靠、维修量低、被密封流体不受油污染等特点,但一次性投资大,且更适于密封洁净气体。主要应用于密封有毒介质、危险介质、酸碱介质等危害环境的气体介质。图 6-3 展示了用于干气密封的密封环。

迷宫密封,转动零件和固定零件之间有许多曲折的小室使泄漏减小的密

— 149 —

（a）   （b）

图 6-3　干气密封环

封。迷宫密封是在转轴周围设若干个依次排列的环行密封齿,齿与齿之间形成一系列截流间隙与膨胀空腔,被密封介质在通过曲折迷宫的间隙时产生节流效应而达到阻漏的目的。由于迷宫密封的转子和机壳间存在间隙,无固体接触,不需要润滑,并允许有热膨胀,适应高温、高压、高转速频率的场合,这种密封形式被广泛用于汽轮机、压缩机、鼓风机的转轴端和各级间的密封,其他的动密封的前置密封。图 6-4 展示了两种炭精密封环和密封条。

（a）   （b）

图 6-4　炭精密封环和密封条

（2）非密封领域

除了密封领域外,炭/石墨材料在其他领域的应用也非常广泛,如在石墨夹具、过滤材料、电极材料、石墨模具等领域。

对于石墨夹具的选材,一般情况下,制造夹具的原材料要有很强的耐高温系数和足够的强度,同时收缩系数要小,能接受温度急剧变化而不致变形和决裂,同时还要在选材上注意与所熔金属不起化学反应,而且化学金属的耐高温性也要好[13]。图 6-5 展示了用于多晶硅制备工艺中的高纯石墨夹具套件。

过滤材料:活性炭的吸附性能随活化温度的提高而增强。活化温度愈高,残留的挥发物质挥发愈完全,微孔结构愈发达,比表面积和吸附活性愈大。活

— 150 —

(a)　　　　　　　　　(b)

图 6-5　石墨夹具和石墨套

性炭中的灰分组成及含量对炭的吸附性能也有很大影响[14]。图 6-6 展示了活性炭及用于高温过滤吸附的多孔炭材料。

(a)　　　　　　　　　(b)

图 6-6　活性炭和高温过滤材料

电极材料：石墨电极主要以石油焦、针状焦为原料，以煤沥青为结合剂，经煅烧、配料、混捏、压型、焙烧、石墨化、机加工而制成，是在电弧炉中以电弧形式释放电能对炉料进行加热熔化的导体。根据其质量指标高低，可分为普通功率石墨电极、高功率石墨电极和超高功率石墨电极[15]。图 6-7 展示了两种石墨电极材料。

(a)　　　　　　　　　(b)

图 6-7　石墨电极

石墨模具:近年来,利用石墨材料热变形极小的特点,制造晶体管的烧结模具和支架,现已广泛使用。石墨成为发展半导体工业不可缺少的材料。目前,西方发达国家金刚石工具制造用石墨模具材料,主要为超细颗粒结构、高纯度和高石墨化度的石墨材料,要求其平均粒径小于 15 μm,甚至 10 μm 以下,中等气孔尺寸小于 2 μm。用此炭素原料做成的石墨模具,气孔率小、结构致密、表面光洁度高、抗氧化性较强,平均使用寿命可达 30～40 次。金刚石模具要求材质硬度高、抗氧化性能好、加工精度高,采用优质石墨原材料,大大延长了模具的使用寿命,提高了模具的抗氧化性能[16]。图 6-8 展示了两种石墨模具和石墨板。

(a)　　　　　　　　　　(b)

图 6-8　石墨模具及石墨板

6.2　浸渍类石墨复合材料的性能研究

6.2.1　力学性能

浸渍类石墨间物理性能存在差异,尤其是抗压强度和硬度。抗压强度决定了材料的耐压性能,为测试材料的各物理性能参数,抗压和抗折强度实验均在 WJ-10B 型万能材料试验机上进行,抗压试件尺寸为 10 mm×10 mm×10 mm,抗弯试件尺寸为 10 mm×10 mm×64 mm。硬度测定使用 HS-19GDC 肖氏硬度计,试件尺寸为 20 mm×20 mm×10 mm,体积密度试件尺寸为 10 mm×10 mm×20 mm。执行《电炭制品物理化学性能试验方法　气孔率》(JB/T 8133.15—1999)标准。使用压汞仪(Auto Pore Ⅳ 9520 型,压力准确度 0.01 Psia)测量气孔率,热膨胀系数测试仪(DIL0809PC 型)测量热膨胀系数。测试结果如表 6-2 所示。

表 6-2 试件物理性能

牌号	体积密度 /(g·cm⁻³)	肖氏硬度 (HS)	抗折强度 /MPa	抗压强度 /MPa	孔隙率 /%	热膨胀系数 /(10⁻⁶·℃⁻¹)	适用温度 /℃
M238	1.75	38	35	70	≤15	4.5	400
M254	1.70	32	25	50	≤18	4.4	400
FRT193	1.86	65	60	130	≤10	4.6	400
FRT183	1.72	70	60	140	≤18	4.2	400
FRT163	1.75	80	62	155	≤15	3.5	400
FRT153	1.74	85	70	175	≤15	4	400
M120	1.65	60	40	80	≤20	3.2	400
M238K	1.85	55	65	160	≤1.5	4.5	200
M254K	1.82	48	55	135	≤2	4.5	200
FRT193K	1.95	80	72	210	≤1	1.8	200
RFT183K	1.82	85	75	225	≤2	5.2	200
FRT163K	1.84	95	76	240	≤1.5	5.5	200
FRT153K	1.84	105	97	280	≤1.5	5.5	200
M120K	1.75	90	65	196	≤2.5	2.5	200
M238D	2.35	50	48	150	≤1.5	5.5	400
M254D	2.45	42	45	136	≤2.5	5.5	400
FRT193D	2.30	75	70	215	≤1	4.5	400
FRT183D	2.45	85	75	230	≤1.5	5.0	400
FRT163D	2.35	95	88	265	≤1.5	5.0	400
FRT153D	2.35	98	90	285	≤1.5	5.0	400
FRT170D	2.40	88	75	255	≤2	5.0	400

以上材料均取自成都润封电炭有限公司,其中:M238,M254,FRT193,FRT183,FRT163,FRT153,M120 为未浸渍石墨;M238K,M254K,FRT193K,RFT183K,FRT163K,FRT153K,M120K 为浸渍树脂石墨;M238D,M254D,FRT193D,FRT183D,FRT163D,FRT153D,FRT170D 为浸渍金属石墨。

力学性能中,抗压强度决定了材料的耐磨性能,浸渍类石墨的抗压强度普遍大于未浸渍石墨,浸渍物在结构内充当骨架,改善了石墨的层状结构,不仅提升了材料得到抗压强度,对于材料得到硬度和气孔率的提升也非常明显。硬度越大,代表其耐磨性好、磨损少、使用寿命长。浸渍类石墨的硬度普遍大于普通的浸渍石墨,相反的,硬度最小的未浸渍石墨,耐磨性差,易磨损,易损毁;浸渍试样的密度也有一定程度的提升。

炭/石墨在制造的过程中,不可避免地会产生大量的气孔,这些气孔(主要是开孔气孔率)对于空气的扩散起着决定性的作用。当石墨的孔隙率较大时,空气更容易扩散到摩擦表面。对于不同的石墨,其孔隙率是不同的,而孔隙率的大小通过石墨的密度来反映,石墨的孔隙率越大,密度越小[17]。由于浸渍剂的加入,浸渍类材料的气孔率降低,基体的孔隙基本被填充,但也有少数的空洞,这些空洞主要包括两种:一类是孤立的孔,由于没有与其他孔隙形成联结,浸渍过程中浸渍剂无法渗透到这些孤立的孔隙中;另一类是孔径较小的孔隙,浸渍过程中由于浸渍剂无法克服浸渍阻力而未能渗透到这些微孔结构中。浸渍类石墨的力学性能明显优于未浸渍类石墨。

6.2.2　金相结构

金相分析是石墨复合材料实验研究的重要手段之一,采用定量金相学原理,由二维石墨浸渍试样磨面或薄膜的金相显微组织的测量和计算来确定石墨组织的三维空间形貌,从而建立石墨浸渍材料的成分、组织和性能间的定量关系。选取 a,b,c,d 试样(物理性能见表 6-3),先后用 360、500、1200 目金相砂纸粗磨,然后再用金刚石抛光膏抛光,用 4%硝酸酒精清洗。图 6-9 为 PMG3 型 Olympus 光学显微镜观察到的金相组织结构。

表 6-3　选取试样的物理性能

试样编号	体积密度/(g·cm⁻³)	肖氏硬度(HS)	抗折强度/MPa	抗压强度/MPa	孔隙率/%	热膨胀系数/(10⁻⁶·℃⁻¹)
a	2.35	300	91	104.5	3.6	0.68
b	2.32	265	82	85	5.2	0.63
c	2.35	275	88	93.5	4.8	0.91
d	2.40	285	90	102.5	4.5	0.80

图 6-9 展示了试样的微观结构,从图中我们可以观察到材料的粒度组成及分布情况。图中白色发亮物质为浸渍的金属锑,4 个试样的共同特点是锑分布较为均匀,但各试样又呈现不同的分布特点。试样 a 含有较为粗大的颗粒物,粗大骨料并未集聚,分布较为均匀,金属相锑分布均匀,呈细长状,小粒径骨料

和黏结剂对粗大骨料的包裹效果较好,无明显开孔。试样 b 中金属相锑分布均匀性好,大粒径颗粒状锑很少,基体中并未发现粗大颗粒物,说明其骨料级配方案中大粒径骨料含量少,以细分和超细粉体为主,影响了其硬度和密度,焙烧和浸渍效果良好,未浸渍孔洞少,气孔率低,与表 6-3 中的数据一致。试样 c 的显著特点是具有一定数量的粗大骨料颗粒块,并且骨料颗粒之间有较多的孔洞,金属相锑的粒径比 a,b 中的大,这是由于在焙烧后,浸渍前的坯料中的孔隙结构毛细管管径较大原因所致,熔融锑在填塞这些孔隙后,其直径也与孔隙结构的毛细管管径一致。试样 d 中同样含有一定数量的粗大骨料颗粒,其未浸渍的孔洞比试样 c 的少,金属锑的分布均匀,同时也更密集,形成较为明显的网络结构,说明试样 d 的孔隙长程联结性最好,浸渍过程中更有利于促进熔融态锑渗透进入孔隙结构,浸渍量明显高于其他 3 个试样。

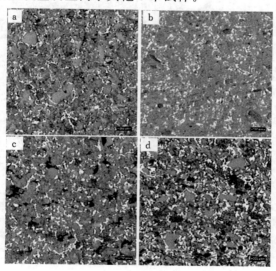

图 6-9 金相微观结构

6.2.3 显微结构

通过观察石墨和浸渍试样的微观结构,分析各试样间的成分组成和元素分布的差异性。微观结构测试采用扫描电子显微镜(英国,剑桥 Cam Scan 4 型)在电子光束加速电压(HV) 20.0 kV 下拍摄 SEM 图像,观察成分的组成和元素的分布差异,观察局部区域内碳基与浸渍剂的联结程度。

图 6-10 中 SEM 照片反映了试样的微孔结构、金属锑分布状况及几何形

态。可以看出,试样 a,c 都有大量的块状金属,形成了局部集聚,说明浸渍前的这些地区孔隙通道连通性较好,同时也能清晰地看到基体中存在的粗大块状骨料颗粒物和一些未浸渍的孔洞。试样 b 中则几乎没有类似的块状骨料颗粒物,无论是基体还是浸渍的金属相,均呈现粒径小、开孔少、基体平滑等特点。试样 d 中金属锑的分布更为均质,几乎充满了整个截面,说明焙烧后孔隙结构形成了具有长程联结性的逾渗网络结构,熔融锑在浸渍过程中的渗透性好,大粒径块状金属较少,金属锑呈细长条状,有利于同一接触面上不同位置处各物理性能参数保持稳定。因此,从这一点说,试样 d 的结构是最优的。

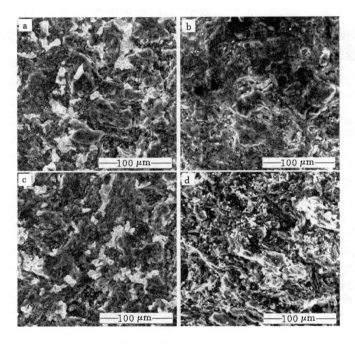

图 6-10　磨前 SEM 微观结构图

　　磨损后的 SEM 照片如图 6-11 所示,实验条件为:转速 200 r/min,摩擦力矩 170~210 N·mm,载荷 100 N,实验温度 207~217.8 ℃。可以看出,除了试样 c 局部区域有一定的划痕和个别凹槽外,其余试样表面较为光滑,说明磨损过程形成了较为良好的润滑膜,磨损前的局部未浸渍的空洞和尖锐的金属锑颗粒已经被磨平,未出现大块颗粒物剥落现象。除了金属锑的分布不同,磨损后各试样表现出的表面特征体现出较强的一致性。

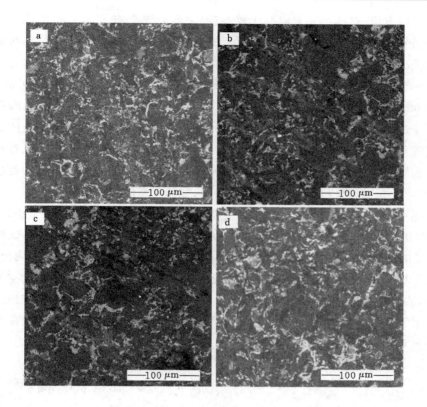

图 6-11 磨后 SEM 微观结构图

6.2.4 组成元素

为了研究材料的主要成分和分布,可以通过 EDS 分析得到每个样品的主要成分,分析仪器为 AN1000,工作参数为:高压(HV)20.0 kV,工作距离(WD)20.50 mm,脉冲:5.63 kcps。每个试样的元素的分布如图 6-12 所示,可以看出石墨试样的元素组成及分布状态。表 6-4 展示了各试样的元素组成及含量。

表 6-4 试样中各元素组成

样品	主要元素	较少元素	元素占比
a	Sb Si	Fe S	Sb:78%,Si:13.7%,S:4.2%,Fe:1.5%
b	Sb Si Al	Fe K Cu Mg S	Sb:72%,Si:8.9%,Al:8.1%,S:5.1%,Mg:1%,K:1.6%,Cu:1.1%,Fe:1.1%
c	Sb Si	S Al Fe K	Sb:72%,Si:13.4%,Al:5.74%,S:6.51%,K:2.34%
d	Sb Si	S Al Mg Fe	Sb:87%,Si:4.9%,Al:3.2%,S:2.5%,Mg:1.0%,Fe:1.6%

可以看出，试样的元素成分比较接近，主要元素含有 Sb、Si，次要成分含有 S、Al、Fe，试样 b、d 检测出少量的 Mg，试样 b 还检测出少量的 Cu，K，其相对含量很低。试样 d 的锑元素相对含量最高，达到 87%，增加了其体积密度，与试样 a 相比，试样 d 基体材料中含有的未浸渍孔洞更多（开孔率为 0.8%，大于试样 a 的 0.68%），密实程度不如试样 a，影响了强度和硬度参数，导致其硬度和强度略低于试样 a。试样 a 和 c 检测出较多含量的 Si，Si 元素可促进碳元素的石墨化进程，并能加强基体的固溶强化作用，有利于提高材料的耐磨性。已有研究结果表明[27]，Cu、K、Mg 这些元素对浸锑石墨材料性能并未产生明显的促进作用，又由于相对含量极低，通常被当作杂质，并非有意浸渍。

图 6-12 清晰地反映了各试样的主要成分及在微观结构中的分布形态，基体碳（C）是材料的主要成分，覆盖了整个截面，黑色区域是未浸渍的空洞。试样 a，d 中锑的分布均匀性优于试样 b、c，试样 c 中有较多的未浸渍空洞，轮廓分明。试样 b 中元素组成以基体碳（C）为主，浸渍的金属相相对较少，未浸渍的空洞也很少，表面平整，未体现出试样 c 中分明的层次和轮廓，虽然试样 b 检查出含有的元素种类很多，但是一些元素如 Cu、K、Mg、Fe 含量太低以至于不能在 b 试样中直观体现。

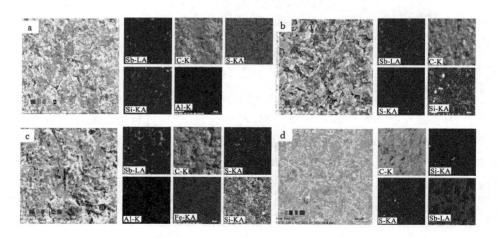

图 6-12　各试件 EDS 分析图

6.3 机械密封用石墨材料的摩擦磨损性能及润滑规律

关于石墨这种层状固体润滑材料在摩擦磨损情况下的润滑机理,是由于受吸附气体影响而引起的还是存在别的原因,至今无法给出定论。在苛刻条件下浸渍类石墨材料的摩擦学性能不是简单的摩擦系数和磨损量对比分析,而是需要从润滑膜形成规律与稳定性维持的视角进行研究[18]。如何建立摩擦学性能与材料本质结构的相互关联、建立材料的选取原则也是需要关注的问题。目前,国内外有关浸渍类石墨材料在使用过程中的理论性和规律性研究报道也不多。一方面是现有的实验手段和仪器难以满足研究需要,另一方面摩擦学的复杂性决定了必须用材料、化学、机械、物理和力学等多学科综合知识来探索研究。只有经验相互传递、知识相互渗透,才有可能取得突破性进展。

6.3.1 摩擦性能

材料的摩擦实验采用 MMW-1 立式万能摩擦磨损试验机。

(1)试验机的主要用途

MMW-1 立式万能摩擦磨损试验机在一定接触压力下,具有滚动、滑动或滑滚复合运动的摩擦形式,具有无级变速系统,可在极低速或高速条件下,用来评定润滑剂、金属、塑料、涂层、橡胶、陶瓷等材料的摩擦磨损性能[19]。MMW-1立式万能摩擦磨损试验机的实验条件如表 6-5 所示,主要技术规格如表 6-6 所示。

表 6-5 立式万能摩擦磨损试验机实验条件

	A 法	B 法
油盒温度	75±2 ℃	75±2 ℃
主轴转速	1 200±60 r/min	1 200±60 r/min
实验时间	60±1 min	60±1 min
轴向实验力	147 N	392 N
轴向实验力零点感量	±1.96N	±1.96N
专用标准钢球试样	φ12.7 mm	φ12.7 mm

表 6-6　立式万能摩擦磨损试验机主要技术规格

参数	规格
轴向实验力工作范围	10～1 000 N
实验力指示值相对误差	±1%
实验力自动加载速率	400 N/min
测定最大摩擦力矩	2.5 N·m
摩擦力矩指示值相对误差	50 N
主轴单级无级变速范围	1～2 000 r/min
特殊减速系统范围	0.05～20 r/min
主轴转速误差	±1%
实验时间显示与控制范围	10 s～9 999 min
实验机主电极输出最大力矩	5 N·m
测量显微镜放大倍率	25×　100×
磨损量测量范围	0～10 mm
记录间隔	10 s

（2）试验机结构简述

立式万能摩擦磨损试验机（简称为立式万能机）由主轴驱动系统、各种摩擦副专用夹具、油盒与加热器、摩擦力矩测定系统、摩擦副下副盘升降系统、弹簧式微机施力系统、操纵面板系统（包括各个主参数数显、设定控制、报警等单元）以及试验机减震垫铁等部分组成。

（3）操作规程

立式万能机通过与之相连的计算机，直接以文本格式将摩擦时间、摩擦力矩、载荷、摩擦系数、温度及转速记录下来，采集界面如图 6-13 所示。

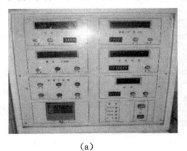
(a)

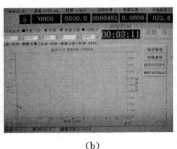
(b)

图 6-13　实验机的操作面板和采集界面

在实验过程中,按照如下的操作规程进行:

① 确定实验条件(实验载荷、转速、摩擦磨损时间等);

② 固定上下试件;

③ 给试件加载荷;

④ 记录摩擦时间、摩擦力矩、载荷、摩擦因数、温度及转速;

⑤ 测量完毕后,先卸掉载荷,然后减小试件的滑动速度,冷却至常温,最后更换试件;

⑥ 为消除前一次实验对实验的影响,每次磨完,对磨副需要重新打磨至无划痕。

立式万能机每隔 10 s 记录一次数据,实现了实验过程的自动化。摩擦因数受到载荷、转速、对磨副、温度等因素的影响。实验时不考虑温度的影响,由于试样在干运转的条件下进行,不加润滑剂,为了消除前一次实验对接下来实验的影响,每次磨完,对磨副需要用砂布进行擦洗,方法是将对磨副在 500 目的纱布单方向擦洗直到对磨面划痕与擦洗方向一致,然后用 1 200 目的纱布在与划痕垂直的方向上擦磨,直到划痕全无为止。

石墨材料的摩擦特性不同于其他金属材料。金属材料的摩擦因数会随着时间的延续减小,直到试样发生严重磨损时,摩擦因数出现急剧增加。其摩擦因数曲线形状如同浴缸,故也有的称为"浴缸曲线"。石墨材料由于具有良好的自润滑性能,摩擦曲线不会出现后期的攀升,所以对于石墨材料,摩擦实验只要观察前期的摩擦特性,等到摩擦因数基本稳定即可。

目前在石墨浸渍材料的研究方面,日本、德国和美国走在前面,其制造技术先进,生产工艺成熟。用于本次实验的浸锑试样的微观结构如图 6-14 所示,其中图 6-14(a)为金相结构,图 6-14(b)为扫描电镜图像,图 6-14(c)为某局部区域的金属锑存在形态。

实验条件为:摩擦副为 45$^{\#}$ 钢(表面粗糙度 $Ra=0.62$ μm,硬度 45 HRC),载荷 10 MPa,转速 200 r/min 的干摩擦状态,实验结果如表 6-7 所示,摩擦系数曲线如图 6-15 所示。在磨损开始阶段,磨损量较大,摩擦系数高,4 个试样的摩擦系数分别比其平均值高 0.42、0.27、0.29、0.27,这是由于磨损刚刚开始,润滑膜的状态处于快速形成阶段,摩擦系数的下降梯度反映成膜速度的快慢,各试样在 200 s 时摩擦系数趋于稳定,标志着润滑膜形成,5～200 s 是快速成膜阶段。20～1 000 s 是稳定磨损阶段,其摩擦系数稳定,变化很小,处于有膜稳定润滑阶段。在 1 000 s 以后,摩擦系数呈现轻微的上升趋势,这是由于随着磨损过

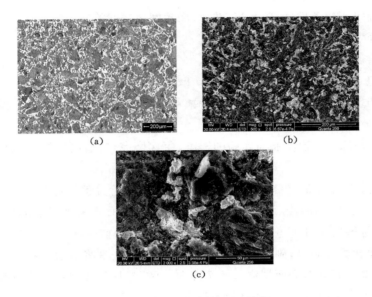

图 6-14 浸锑试样的微观结构

程深入,摩擦表面温度升高,造成水汽蒸发,润滑膜发生解附和破坏。一旦稳定的润滑状态被破坏,系统则重新构建新的润滑膜,只有当润滑膜的重构速度大于磨损和解附速度,才能维持摩擦面的有膜润滑。浸渍的金属锑熔点高,硬度高,增加了材料的耐磨性,减小了磨损量,延缓了解附速度,有利于高温状态下的润滑膜重构与保持,发挥了浸锑石墨材料在高温工况下的良好耐磨性能和润滑性能。图 6-15 中在 1 000 s 以后的阶段,各试样的摩擦系数并未出现较大幅度的增加,说明润滑膜重构迅速,其重构速度远远大于解附和破坏速度,整个过程仍然保持有膜润滑的稳定磨损状态。

表 6-7 试样磨损实验结果

编号	磨前质量/g	磨后质量/g	绝对损失/g	相对损失/%	μ_{max}	μ_{min}	μ_{ave}
a	0.271 35	0.271 25	0.000 10	0.036 9	0.185	0.137	0.143
b	0.272 68	0.272 56	0.000 12	0.040 1	0.162	0.129	0.135
c	0.273 32	0.273 18	0.000 14	0.051 2	0.177	0.142	0.148
d	0.288 65	0.288 62	0.000 03	0.010 4	0.153	0.119	0.126

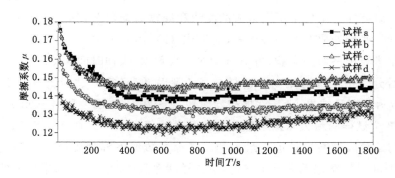

图 6-15 不同试样摩擦系数曲线

为进一步研究浸锑石墨的摩擦磨损性能,分别研究了浸锑石墨在不同取样、不同转速、不同载荷条件下的摩擦磨损性能。

(1) 不同取样位置

试样 a1,b1,c1 分别为从试样的中间、顶部及底部位置取样,摩擦副为 45# 钢(表面粗糙度 $Ra = 0.62~\mu m$,硬度 45 HRC),实验条件为载荷 10 MPa、转速 200 r/min 的干摩擦状态。实验结果如表 6-8 所示,摩擦系数曲线如图 6-16 所示。

表 6-8 试样磨损实验结果

编号	磨前质量/g	磨后质量/g	绝对损失/g	相对损失/%	μ_{max}	μ_{min}	μ_{ave}
a1	0.278 13	0.278 02	0.000 11	0.039 5	0.158	0.129	0.136
b1	0.288 74	0.288 66	0.000 08	0.027 7	0.141	0.120	0.126
c1	0.292 68	0.292 62	0.000 06	0.020 5	0.153	0.120	0.124

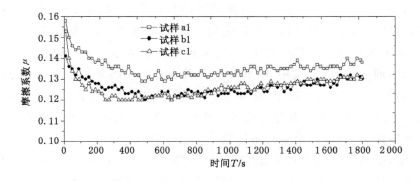

图 6-16 不同取样位置的摩擦系数曲线

为了研究同一试样中不同区域的浸渍和摩擦磨损情况,分别在同一试样的顶部、中间、底部处取 3 个小型试样,加工成 $\phi 4 \times 10$ mm 的规格,采用 45# 钢环为摩擦副进行摩擦磨损实验,每 10 s 记录 1 次数据,采样时间为 1 800 s,试样在实验前后分别用精度为 0.01 mg 的电子天平称重,计算其磨损量。图 6-16 和表 6-8 所示的实验结果表明,磨损初始阶段(0~200 s),润滑膜并未形成,摩擦系数高,3 个试样的最大摩擦系数分别比其平均值高 0.022、0.015、0.029,实验中发现初始阶段的磨损量也是最大的。摩擦系数的下降梯度反映成膜速度的快慢,在 200 s 后摩擦系数趋于稳定,各试样摩擦系数的瞬时值与平均值的最大差值分别为 0.004、0.006、0.007,摩擦曲线总体趋于平稳,标志着润滑膜形成。浸锑石墨顶端和底部取样的试样摩擦系数平均值分别为 0.124 和 0.126,相对磨损量分别为 0.027 7%、0.020 5%,都非常接近,没有体现出差异性;从试样中端取样的试样摩擦系数达到 0.136,相对磨损量达到 0.039 5%,均为 3 个试样中的最大值。由于浸渍前的多孔石墨的两端孔隙结构连通性更好,浸渍难度相对较低,而熔融态锑要渗透到中端的孔隙结构,需要行走更长路径,浸渍阻力更大,金属锑的分布均质性较两端差,在摩擦过程中石墨层更容易磨损和剥落,因此其相对磨损量和摩擦系数更大。

(2) 不同载荷

图 6-17 及表 6-9 显示了在相同转速(500 r/min)和摩擦副(45# 钢)的情况下,不同载荷条件下摩擦系数的变化规律。可以看出,在较低载荷(10 MPa)下,摩擦系数比较稳定,波动幅度小。随着压力载荷增加,在摩擦开始阶段,表现出较大的波动,摩擦系数首先是急剧下降,然后开始稳步上升,一直到 400 s 后,摩擦系数才逐渐稳定下来。高载荷的不稳定阶段持续时间约为低载荷情况下的 2 倍,这是因为在较高的载荷下,形成稳定的润滑膜需要更长的时间。另外一个显著特征就是随着载荷增加,摩擦系数逐渐降低。根据费多尔·钦科(Fedor Cinco)理论,炭复合材料的摩擦系数与载荷的关系成反比关系,即 $\mu \propto \sigma_0 / P_c$,其中 σ_0 为摩擦表面的分子间的剪切强度,P_c 为接触点的压力[20]。载荷从 10 MPa 增加至 16 MPa 时,摩擦系数下降了 0.03,下降幅度达到 20.13%,这是因为当载荷增加时,磨损量增加,形成润滑膜厚度增加,因此摩擦系数减小;当载荷增加到一定程度后(24 MPa),形成了较为稳定的润滑膜,摩擦系数的波动也随之减小,下降幅度明显降低。如果载荷继续增加,则磨损量进一步增加,从而增加润滑膜厚度,摩擦系数继续有小幅下降趋势,如图 6-17 中 48 MPa 时曲线所示。

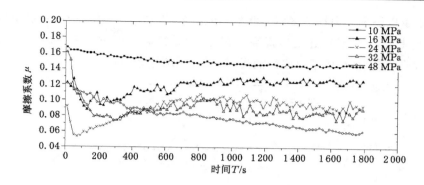

图 6-17 不同载荷下的摩擦系数曲线

表 6-9 试样磨损实验结果

压力	10 MPa	16 MPa	24 MPa	32 MPa	48 MPa
μ_{max}	0.167	0.122	0.108	0.161	0.121
μ_{min}	0.142	0.088	0.053	0.074	0.061
μ_{ave}	0.149	0.119	0.090	0.089	0.080

（3）不同转速

为了研究试样在不同转速条件下的摩擦性能,在压力（16 MPa）与摩擦副（45#钢）相同的条件下,测试了浸锑石墨在 200 r/min、500 r/min 转速下的摩擦系数,如图 6-18 所示。可以看出,在载荷不是很高的环境下,两种转速下表现出来的规律类似,在 0～200 s 阶段摩擦系数高,润滑膜逐渐开始形成,称为"快速成膜",但是不稳定。在 200 s 以后,润滑膜形成,称为"有膜润滑",瞬时值与平均值的最大差值分别为 0.018、0.011,差值小到可以忽略,说明润滑状态保持稳定。在 400 s 之后,摩擦系数有小幅上升趋势,这是由于随着磨损过程深入,摩擦表面温度升高,造成水汽蒸发,润滑膜发生解附和破坏。一旦稳定的润滑状态被破坏,系统则重新构建新的润滑膜,称为"润滑膜重构",只有当润滑膜的重构速度大于磨损和解附速度时,才能在摩擦表面维持稳定的有膜润滑。锑的熔点和硬度都较高,增加了材料的耐磨性,减小了磨损量,延缓了解附速度,有利于在温度升高的环境下的润滑膜重构与保持,维持整个摩擦面处于稳定状态。当转速较高时,润滑膜的形成、解附和重构周期都要比低转速时短,因此,高转速下摩擦系数更低,从图 6-18 中可以看出,转速为 500 r/min 工况下的摩擦系数低于转速为 200 r/min 工况下的摩擦系数。另一方面,也可根据费多尔·钦科理论予以解释。根据费多尔·钦科的经验公式 $\mu \infty \mu_0 / e^{cv}$（其中 μ_0 是静摩擦系数，c 是常数，v 是滑动速度），提高了转速，就是提高了摩擦材料与摩擦面之间的相对移动速度，形成了更厚的润滑膜，降低了摩擦系数。

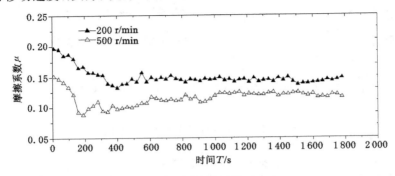

图 6-18　不同转速下摩擦系数曲线

（4）不同摩擦副

为了研究试样在不同摩擦副时的摩擦性能，在相同压力（24 MPa）和转速（500 r/min）条件下，测试了浸锑石墨在 45# 钢和巴氏合金作为摩擦副时的摩擦系数，结果如图 6-19 所示。可以看出两种不同对磨副条件下表现出的摩擦系数变化趋势有较大差异。与 45# 钢对磨时，开始阶段的摩擦系数非常大，在 100 s 左右时迅速回落，然后又继续增加，在 600 s 以后趋于稳定，保持在 0.08～0.10。与巴氏合金对磨时，开始阶段摩擦系数迅速上升，大约在 30 s 后摩擦系数开始回落，并一直伴随下降趋势，摩擦系数从 0.09 开始下降，600 s 趋于稳定，但是仍然有轻微的下降趋势，保持在 0.08～0.07。

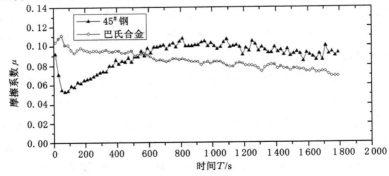

图 6-19　不同摩擦副下摩擦系数曲线

6.3.2　磨损性能

前文已经初步探究了磨损性能,基于实验机器对试样尺寸的要求,试样质量很小,磨损量小,且容易受水分、油迹等因素的影响,很难在实验过程中测量出试样实时的质量,只能采取在实验前后,经过彻底烘干、清洁试样,称量试样磨损前后的质量差,来计算试样的磨损量。为得到更加精确的试样磨损性能之间的关系,分别对 a,b,c,d 4 个样品各选取 3 个试样,共组成 12 个试样,进行精准研究(其中 a,b,c 试样为浸渍类石墨,d 为未浸渍石墨)。同时为了磨损实验有可比性,实验时间为 1 800 s。实验采用日本 BP211D 型电子天平称量试样的质量,其测量感量为 0.01 mg。磨损实验数据如表 6-10 所示。

表 6-10　试样磨损前后质量

试样编号	实验前/g	实验后/g	绝对磨损量	相对磨损量%
a-1	0.278 13	0.278 09	0.000 04	0.014 4
a-2	0.288 65	0.288 62	0.000 03	0.010 4
a-3	0.292 67	0.292 64	0.000 03	0.010 3
b-1	0.273 32	0.273 18	0.000 14	0.051 2
b-2	0.272 68	0.272 56	0.000 12	0.040 1
b-3	0.270 03	0.269 83	0.000 20	0.074 1
c-1	0.273 52	0.273 46	0.000 06	0.021 9
c-2	0.271 35	0.271 25	0.000 10	0.036 9
c-3	0.289 15	0.289 04	0.000 11	0.038 0
d-1	0.249 10	0.248 28	0.000 82	0.329 2
d-2	0.249 08	0.248 22	0.000 86	0.345 3
d-3	0.243 42	0.242 46	0.000 96	0.395 9

从磨损量表中可以看出实验后,从绝对磨损量来看试样 a 的相对磨损量在 0.01% 左右,试样 b 和试样 c 的相对磨损量相近,在 0.05% 左右,而未浸渍类石墨的相对磨损量在 0.35% 左右。未浸渍石墨的相对磨损量为浸渍类石墨的 7 倍,对于性能较好的浸渍类石墨,未浸渍石墨的相对磨损量是其 35 倍。提升磨损性能和磨损性能可以减少磨屑产生、延长材料寿命,故浸渍类石墨非常适合应用于机械密封材料。

6.3.3 润滑性能

润滑的目的是在摩擦表面之间形成具有法向载荷能力而切向剪切强度低的润滑膜,用它来减小摩擦阻力和降低材料磨损。润滑膜可以是液体或者气体组成的流体膜,也可以是固体膜,根据润滑膜的形成原理和特征,润滑状态可以分为:流体动压润滑、流体静压润滑、弹性流体动压润滑、薄膜润滑、边界润滑、干摩擦状态等 6 种基本状态[21]。根据不同润滑状态对应摩擦系数典型值可以看出,浸渍类石墨材料在摩擦磨损过程中表现出的润滑状态是干摩擦、边界润滑或两者同时发生(又叫半干摩擦[22])。摩擦磨损开始阶段为干摩擦,稳定阶段的润滑状态为边界润滑。

在空气中,浸渍类石墨材料容易吸附水蒸气分子,在摩擦表面形成润滑膜,把两个摩擦面分开,从而降低材料的摩擦系数。但是吸附水蒸气的过程并非如此简单,1990 年 Zaidi 等对此过程进行详细研究,研究表明,石墨是非亲水物质,水蒸气不能直接吸附到石墨表面,但石墨表面的活性很高,会与空气中的氧原子或电离的水分子发生复杂的化学反应,生成复杂的有一定极性的亲水物质[23]。这些物质会以物理吸附的方式进一步吸附空气中的水蒸气,在摩擦面形成一层润滑膜。

然而,在干摩擦条件下,润滑膜有的时候难以覆盖整个摩擦面,还有一些粗糙峰没能够被润滑膜所覆盖,此时润滑膜的润滑减摩效果与摩擦表面间润滑膜的覆盖率有关。只有当润滑膜连续地覆盖到整个摩擦面时,才能实现全膜润滑。当润滑膜不能完整地覆盖摩擦表面时,摩擦力 F 将是浸渍类石墨材料的剪切力 $\tau_b(1-n)A$ 和润滑膜的剪切力 $\tau_\mu nA$ 之和[24]。即

$$F = \tau_\mu nA + \tau_b(1-n)A \tag{6-1}$$

$$A = A_a + A_b \tag{6-2}$$

$$n = \frac{A_b}{A} \tag{6-3}$$

式中:A 为摩擦副接触总面积;A_a 为粗糙峰接触面积;A_b 为润滑膜接触面积;n 为润滑膜覆盖的表面积分数(称之为不发生磨损的概率);τ_μ 为润滑膜的剪切强度;τ_b 为浸渍类石墨材料的剪切强度。则摩擦系数为:

$$\mu = \frac{F}{N} = \frac{\left[\tau_\mu nA + \tau_b(1-n)A\right]}{N} = n\mu_b + (1-n)\mu_a \tag{6-4}$$

式中:μ_a 为浸渍类石墨材料的摩擦系数;μ_b 为润滑膜覆盖面的摩擦系数。当

$n=1$ 时，$\mu=\mu_b$，为全膜润滑状态；当 $n=0$ 时，$\mu=\mu_a$，为无膜润滑状态，摩擦副直接接触。摩擦系数从 μ_b 变到 μ_a 取决于润滑膜的覆盖程度。因此，摩擦磨损过程中，润滑膜越完整，减摩效果越好。根据浸渍类石墨材料的特点以及摩擦磨损运动过程的分析，对润滑膜形成机理提出以下简化模型，如图 6-20 所示（抛面线为粗糙峰，黑色实体为润滑膜）。

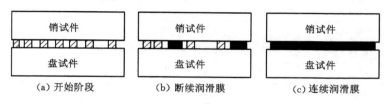

图 6-20　润滑膜形成机理

（a）开始阶段　　（b）断续润滑膜　　（c）连续润滑膜

　　摩擦磨损开始时，摩擦副表面是完全的粗糙峰接触，摩擦副的运动状态不稳定，这一阶段，摩擦副的减摩效果取决于石墨及其浸渍物的支撑能力，同时，材料具有一定的力学性能是润滑膜成膜的关键[25]。随着摩擦的进行，材料不断吸收水蒸气，摩擦副表面逐渐形成润滑膜，但并不完整。随着实验时间的延长，吸收水蒸气的量越来越大，最终形成完整的覆盖整个摩擦面的润滑膜。摩擦进入到稳定阶段，摩擦副的摩擦系数降低，减摩润滑效果较佳。进入稳定阶段后，摩擦副的减摩效果取决于润滑膜的完整性。润滑膜的形成过程中，存在"形成—破坏—重构"的自反馈调节机制，并表现出材料摩擦磨损性能的重大差异。上面提到的润滑膜的破坏方式有两种：润滑膜自动脱落、润滑膜因摩擦生热而解附。在摩擦磨损进行的过程中，润滑膜通过解附、脱落以及由浸渍类石墨材料的"自耗"来补充、修复自身，易于建立动态平衡，形成自反馈调节机制[26]。

　　石墨材料在摩擦配副中充当软材料的角色，其力学性能是影响摩擦学性能的因素之一，因此材料的力学性能也必然对润滑膜的特性产生影响。一方面材料的力学性能越好磨损越小，即便是在干摩擦状态下；另一方面摩擦面润滑膜的形成需要时间，表面磨损的速度大于吸附成膜的速度，润滑膜来不及形成便会磨损掉，因此，力学性能与润滑性能的统一是研究润滑过程的重要方向。不同石墨浸渍材料的摩擦磨损过程分别与有膜润滑、贫膜润滑、残膜润滑和无膜润滑相对应。选取 10 组试样，实验条件为：载荷为 300 N，对磨副选用淬火 45# 钢，转速 500 r/min，室温，探究润滑成膜规律，其性能参数如表 6-11 所示。

表 6-11　试样及其力学性能

试件编号	浸渍剂	肖氏硬度(HS)	密度/(g·cm⁻³)	抗压强度/MPa	热膨胀系数/(10⁻⁶·℃)
1	锑	98	2.30	265	4.5
2	树脂	96	1.84	240	5.5
3	树脂	90	1.82	240	5.5
4	树脂	87	1.87	245	5.5
5	锑	88	2.30	300	5.0
6	树脂	82	1.85	230	5.5
7	树脂	110	1.85	285	5.5
8	树脂	85	1.82	230	5.5
9	树脂	85	1.85	220	4.9
10	—	60	1.70	140	4.0

（1）有膜润滑规律

由于金属熔点高，浸金属石墨密封材料的有膜润滑状态在高温恶劣工况下可以保持，如图 6-21 所示，在 600 s 以后，摩擦系数相当稳定，保持在 0.08～0.10，一直处于有膜润滑状态。图 6-22 是浸渍物为树脂的石墨密封材料的摩擦系数曲线。由于实验在常温下进行，微细网状树脂能在石墨中充当磨面骨架，浸树脂石墨密封材料如果合理配置基体材料，优化控制浸渍工艺和磨损工况条件，可以获得理想的摩擦磨损性能。图 6-22 的两种试件材料的稳态摩擦

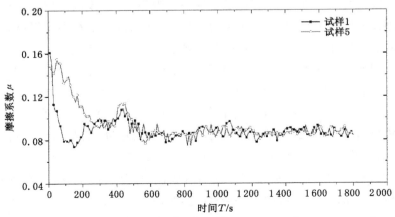

图 6-21　浸渍金属类石墨摩擦系数曲线

系数曲线与浸锑石墨规律和量值几乎没有差别,只是初始状态较大的磨粒磨损增加了润滑膜成膜的难度,图中 0~200 s 时间段摩擦系数呈现振荡降低,200 s 之后稳定在 0.07~0.09,这种材料具有较强的润滑膜成膜能力,而且一旦结束振荡,润滑膜的吸附重构与热解附能力维持平衡,表现出动荡成膜、逐渐稳定的状态。在满足工况温度的条件下,能形成有膜润滑的高硬度浸树脂类石墨密封材料比浸金属类石墨密封材料具有更高的性价比。

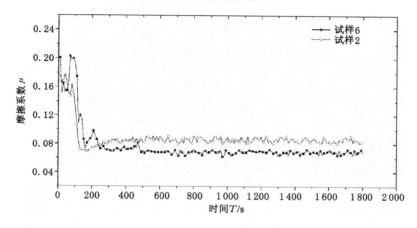

图 6-22　浸渍树脂类石墨摩擦系数曲线

(2)贫膜润滑规律

随着浸渍类石墨材料力学性能的降低,材料表面的磨损大大增加,润滑膜形成初期的成膜难度增加,成膜时间由 200 s 上升至 700 s 左右,而且出现了图 6-23 中 0~100 s 的摩擦系数上升段。700 s 之后摩擦系数稳定在 0.1 附近,表明此时润滑膜的吸附重构能力与破坏能力平衡,表现为滞后成膜、缓慢稳定,其润滑形式是贫膜润滑。

(3)残膜润滑规律

图 6-24 展示了低力学性能参数的浸树脂类石墨材料摩擦系数随时间的变化曲线,可以明显看出摩擦系数的表现为宽幅振荡。由于材料表面的磨损速度很快,摩擦面之间没有形成稳定、成片的润滑膜,摩擦系数数值不断变化,振荡加剧,导致材料磨损,这种状态润滑形式是残膜润滑。相同系列不同硬度的浸渍树脂类石墨密封材料出现在不同的对比组里,表现出不同的摩擦磨损规律,试件 3、4 为封润公司材料,试件 6、7 为日本东洋公司材料,硬度的差异是其摩擦磨损规律差异性的主要影响因素,相同摩擦磨损状态下,材料的硬度影响润

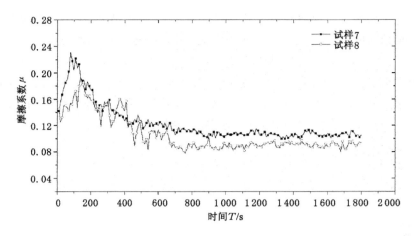

图 6-23　浸渍树脂类石墨摩擦系数曲线

滑膜形成和稳态摩擦系数的大小,但有膜润滑、贫膜润滑和残膜润滑 3 种状态下,稳定阶段摩擦系数都能维持在很低水平,这表明浸渍类石墨密封材料都具有很好的摩擦磨损性能。

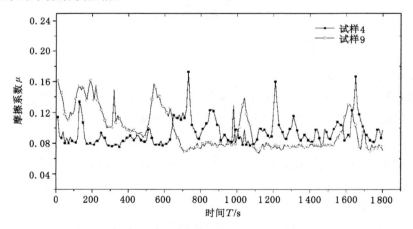

图 6-24　浸渍树脂类石墨摩擦系数曲线

（4）无膜润滑规律

图 6-25 所示为未浸渍人造石墨密封材料无膜润滑规律。无膜润滑并不是没有成膜,而是润滑膜还未开始作用,便被破坏。普通石墨材料,其力学性能较差、塑性好、自润滑性好,但材质软,材料的磨粒磨损非常严重,摩擦系数随时间变化呈上升趋势,然后稳定在 0.25 左右,约为浸渍类石墨密封材料摩擦系数的

2～3倍,摩擦面为无膜润滑,这种材料虽然自润滑性能好但不能作为密封材料使用。

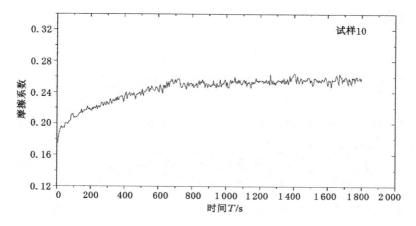

图 6-25　未浸渍类石墨摩擦系数曲线

　　单纯的机械、物理和化学模型不能全面解析润滑膜的形成过程,应该综合考虑 3 个方面的影响。因此,本章从系统论的角度,利用机械-物理-化学综合模型(机械作用、物理作用、化学作用)对于润滑膜"形成—破坏—重构"的自反馈调节机制以及成膜机理进行解析。并得到以下结论:

　　① 浸渍类石墨材料在摩擦磨损过程中表现出的润滑状态是干摩擦、边界润滑或两者同时发生(又叫半干摩擦)。摩擦磨损开始阶段为干摩擦,稳定阶段的润滑状态为边界润滑。

　　② 摩擦开始阶段,摩擦学性能的好坏取决于浸渍类石墨材料的支撑能力。进入稳定阶段后,摩擦副的减摩抗磨效果取决于润滑膜的完整性。

　　③ 浸渍类石墨材料在摩擦磨损过程中润滑膜的形成—破坏—重构是一个自反馈过程,当润滑膜的成膜能力大于其破坏能力时,即可满足某一摩擦条件下的完整性和耐磨性。同时,增强润滑膜与浸渍类石墨材料的黏附性以及浸渍类石墨材料的力学性能,也是提高润滑膜完整性、改善润滑性能的关键。

　　④ 浸金属类石墨材料摩擦磨损状态最佳,润滑膜快速形成、迅速稳定,有利于润滑膜的形成。金属充填物的耐磨性决定了浸金属石墨密封材料的耐磨性。

　　浸锑类石墨材料表现为有膜润滑的润滑规律,浸树脂类石墨材料因力学性能的差异,存在有膜润滑、贫膜润滑和残膜润滑 3 种润滑规律。普通石墨材料虽然自润滑性能好,但抗压强度低,气孔率高,耐磨性差,材料的磨损非常严重,不能作为密封材料使用，而浸渍类石墨由于其优异的性能，可广泛应用于机械领域。

参考文献

[1] 钱湛芬. 炭素工艺学[M]. 北京：冶金工业出版社，1996.

[2] 解胜利. 浸渍对炭-石墨材料孔隙孔径的影响[J]. 炭素技术，2000(3)：41-43.

[3] 许斌，李东民. 浸磷酸盐对提高石墨材料抗氧化性能的研究[J]. 炭素技术，1995(06)：7-10.

[4] 冯勇祥，袁建业，李培德. 浸玻璃碳石墨材料的开发与应用[J]. 机械工程材料，1998，22(4)：28-29，43.

[5] 董宗玉，陈匡民，王伟，等. 密封材料 RC 合金的摩擦磨损特性[J]. 流体机械，1999，27(3)：3-5.

[6] 蔡仁良，顾伯勤，宋鹏云. 过程装备密封技术[M]. 北京：化学工业出版社，2016.

[7] YEOH A，PERSAD C，ELIEZER Z. Tribological characteristics of various copper carbon powder composites for use as sliding electrical contacts[C]. Proceedings of the ASME，1993.

[8] ZWEBEN C. Metal-matrix composites for electronic packaging[J]. Journal of materials engineering，1992，44(7)：15-23.

[9] RONALD L J. High thermal conductivity metal matrix composites[J]. SAE Paper，1999(1)：1358-1361.

[10] DATTA S K，TEWARI S N，GATICA J E，et al. Copper alloy-impregnated carbon-carbon hybrid composites for electronic packaging applications[J]. Metallurgical and materials transactions A (physical metallurgy and materials science)，1999，30(1)：175-181.

[11] SANDRA M D，GARY M M. Reaction layer formation at the graphite/copper-chromium alloy interface[J]. Metallurgical and materials transactions. 1993(24)：53-60.

[12] DORFMAN S，FUKS D，SUERY M. Diffusivity of carbon in copper-and silver-based composites[J]. Journal of materials science，1999，34(1)：77-81.

[13] 胡锐,李金山,毕晓勤,等.石墨/铜基复合材料真空液相浸渗过程动力学研究[J].西北工业大学学报,2004,22(3):296-300.

[14] MITKIN V N, YUDANOV N F, GALIZKY A A. et al. New family of graphite fluoroxides-sources for the generation of highly porous thermally expanded graphites for Li cells[J]. Journal of new materials for electrochemical systems,2003 (2):103-118.

[15] 吴诗勇,吴幼青,顾菁,等.高温煅烧条件下石油焦和沥青焦的物理结构及其 CO_2 气化特性[J].石油学报(石油加工),2009,25(2):258-265.

[16] 杨声勇,李国军.锻模用新型合金的高温耐磨和抗氧化性能研究[J].热加工工艺,2019(9):162-168.

[17] 李想,薛济来,陈通,等.铝用石墨阴极孔隙结构与石墨化程度关系研究[J].中国科技论文,2014(6):659-662.

[18] 海因茨 K. 米勒,伯纳德 S. 纳乌.程传庆译.流体密封技术[M].北京:机械工业出版社,2002.

[19] 曾亚龙,丁国江,廖敏.改良西门子法多晶硅还原新技术研究进展[J].四川有色金属,2009(2):1-4.

[20] 王启立.石墨多孔介质成孔逾渗机理及渗透率研究[D].徐州:中国矿业大学,2011.

[21] 郭精义.高分子复合材料摩擦磨损性能研究[D].兰州:兰州理工大学,2006.

[22] 汪久根,张建忠.边界润滑膜的形成与破裂分析[J].润滑与密封,2005(6):4-8.

[23] 陈丽娟,朱定一,汤伟,等.镍-铁-石墨-硅自润滑材料及其性能[J].中国有色金属学报,2004,14(12):2108-2113.

[24] 胡亚非,王雷,胡建文.中速磨煤机用浸锑石墨密封环材料的制备与性能[J].机械工程材料,2006,30(6):55-57.

[25] 严新平,赵春华,白秀琴,等.摩擦学系统的状态辨识的现状与趋势:工程前沿[M].北京:高等教育出版社,2005.

[26] 葛世荣,朱华.摩擦学的分形[M].北京:机械工业出版社,2005.

7 光伏发电领域用高纯石墨及其性能

7.1 引言

高纯石墨是指含碳量大于 99.99％的石墨,作为一种战略资源,它在国民经济的发展和现代化建设占有重要地位,素有"黑金子"的美称。高纯石墨具有耐高温、耐腐蚀、抗热震、热膨胀系数小、自润滑、电阻系数小及易于机械加工等优点,被广泛应用于冶金、机械、环保、化工、电子、医药、军工和航空航天等领域,特别是在太阳能光伏产业[1-2]。常见的高纯石墨如图 7-1 所示。

图 7-1　高纯石墨图

目前我国石墨工业技术还处于世界较低水平,国产石墨产品在国际市场上价格低廉,导致大量的石墨资源外流;而市场需要的高纯超细石墨制品则多依赖于进口。综上所述,开展高纯石墨生产工艺的研究,提高产品质量,对我国高纯石墨产业的发展具有深远意义。

诸多学者对高纯石墨的制备、性能和应用开展了系列研究,获得了丰富的研究成果。文献[3]～[6]等详细介绍和总结了近年来高纯石墨的制备和应用进展。Banek 等[7]以生物炭和褐煤为原料制备了纯度达到 99.95％的高纯石墨,产生了较好的经济价值。Wang 等[8]采用碱焙烧预处理和酸浸工艺,从微晶石墨矿石中获得纯度为 99％的石墨产品。Lu 等[9]采用碱焙烧法制备高纯度低硫石墨,不但成功除去硅酸盐杂质,还有效地消除石墨中的硫化物杂质。Wu 等[10]利用石墨、氧化剂和嵌入剂的水热反应,将天然鳞片石墨制成可膨胀石墨。

硅晶材料制备工艺中,石墨热场材料和石墨坩埚材料是不可缺少的部件,但是受烧蚀、形变等因素的影响,夹持硅芯的高纯石墨组件的重复使用率并不高,增加了生产成本[11-13]。多晶硅制备中的石墨组件一般采用等静压技术,以石油沥青和煤沥青为主要原料[14-15]。高纯石墨需要结构上各向同性的原料,并将原料磨制成更细的粉末,应用等静压成型技术,经过多次的浸渍—焙烧循环,石墨化的周期也要比普通石墨长得多。高纯石墨的主要生产工艺流程如图 7-2 所示。

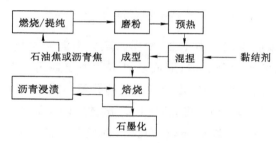

图 7-2　高纯石墨生产工艺流程图

7.1.1　煤基高纯石墨结构

按照石墨工艺,取煤基高纯石墨试样骨料颗粒的质量比例分别为 80％、75％、75％,煤沥青的质量比例分别为 20％、25％、25％,分别记为 1#、2#、3# 试样,每种类型的试样分别取样 3 个。为了研究石墨的结构和性能,通过 Quanta250 扫描电镜和 AN10000 能谱仪测定试样微观孔隙结构和元素分布。图 7-3 和图 7-4 所示为试样的材料结构。

图 7-3 是 3 种试样的微观结构,其中 1# 被用来制作石墨座,2# 被用来制作石墨卡瓣,3# 被用来制作石墨帽,都是应用于多晶硅还原炉内夹持硅棒的石墨组件。1# 和 2# 试样表面比较光滑,几乎没有尖锐的集中凸起和明显的未浸渍空隙,沥青结焦固化效果较好。3# 试样有大量明显突出的尖锐的集团,各凸起

图 7-3   3 种试样结构的 SEM 图片

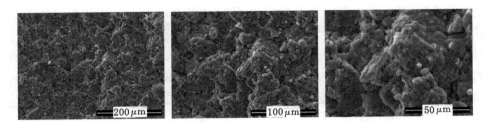

图 7-4   2$^\#$ 试样不同倍数下 SEM 图片

之间有一些未填塞的空洞。由于 3$^\#$ 试样的配方中沥青含量最高,在焙烧过程中基体膨胀,溢出的挥发分更多,形成了更多的溢出通道。在冷却过程中这些通道随石墨基体一起收缩,最终形成了大量的孔隙。图 7-4 是 2$^\#$ 试样在不同放大倍数下的整体与局部结构。可以看出,2$^\#$ 试样整体与局部在不同尺度下呈现出良好的相似性。骨料颗粒分布较为均匀,混捏及结焦效果好,没有发现粒径较大的孤立骨料颗粒,极少量孤立颗粒的粒径较小,形状规则,以球形和方形为主。沥青对颗粒物的黏结和包裹较充分,浸渍效果良好。试样的总体结构较为均匀、均质性好、石墨化质量高。与之相比,图 7-5 显示了某质量差的微观结构。明显看出,该微观结构表面不够光滑,除了球形、长方形颗粒外,还有大量不规则的尖锐颗粒(图 7-5 中 No.1～No.14)。此外,基体包含更多孔洞,并且在不同局部区域存在明显的色差。

图 7-6、图 7-7 和图 7-8 展示了 3 个试样局部区域的成分及元素分

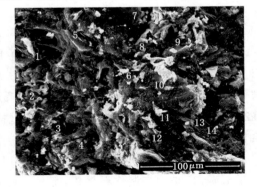

图 7-5   较差微观结构的 SEM 图片

布。可以看出,碳元素占据了绝对的主体,覆盖了试样的全部区域。除了基体碳外,其他元素主要是 S 和 O;从元素分布来看,S 的含量略大于 O,两者都较为稀少,分布比较散乱,主要集中在某些骨料附近。值得注意的是,1# 试样含有少量的 Si,在 2# 和 3# 试样中并没有发现。在实际应用中,S、O、Si 由于含量很低,通常被当作杂质,在石墨化之前应尽量予以去除,以提高纯度和改善性能。

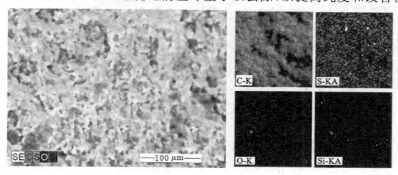

图 7-6　石墨座(1#)的元素分布

图 7-7　石墨卡瓣(2#)的元素分布

7.1.2　煤基高纯石墨性能

如前所述,石墨座、石墨卡瓣、石墨帽分别记为 1#、2#、3# 试样,各试样的物理和热力性质如表 7-1 所示,可以看出 3 种类型的试样的体积密度在 1.81～1.91 g/cm³ 之间,其平均密度分别为 1.88、1.82、1.85 g/cm³;试样的肖氏硬度在 45.5～66.6 之间,其平均值分别为 64.3、46.2、53.5;试样的抗压强度在 65.6～75.8 MPa 之间,其平均值分别为 70.6、69.4、66.0 MPa;抗弯强度在 33.0～46.1 MPa 之间,其平均值分别为 45.6、35.9、33.4 MPa。可以看出,1#

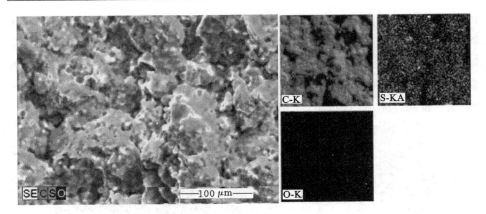

图 7-8　石墨帽（3#）的元素分布

试样的各项物理性能参数均最高，与其制备时的骨料添加比例最高（80％）有关。当原料配方相同时，结构的差异性在性能上体现出来。比如，2# 和 3# 试样原料配方相同，但是 3# 试样的凸起团更多，孔隙数量更多。一方面，3# 试样骨架密度稍高一点，因为测试过程中去除了基体中的孔隙体积。由于凸起团多，正面抗压能力更强，因此其肖氏硬度和抗压强度比 2# 试样更高。另一方面，由于其孔隙数量更多，侧面抗剪切能力稍弱，因此 3# 试样抗折强度稍微低于 2# 试样。

表 7-1　高纯石墨样品的物理和热性质

样品	1#（石墨座）			2#（石墨卡瓣）			3#（石墨帽）		
	1a	1b	1c	2a	2b	2c	3a	3b	3c
体积密度/(g·cm⁻³)	1.91	1.85	1.88	1.81	1.82	1.83	1.83	1.85	1.88
参考值/(g·cm⁻³)	$R_q(1.74)$；$R_e(1.83)$								
肖氏硬度（HS）	66.6	63.3	63.1	45.5	46.2	46.8	53.4	53.3	53.7
参考值	$R_q(40.0)$；$R_e(45.0)$								
抗压强度/MPa	75.8	68.2	67.9	69.1	70.3	68.8	65.6	66.3	66.2
参考值	$R_q(60.0)$；$R_e(65.0)$								
抗折强度/MPa	46.1	45.5	45.1	35.5	36.1	36.2	33.0	33.5	33.6
参考值	$R_q(28.0)$；$R_e(32.0)$								
电阻率/(μΩ·m)	9.21	8.86	9.11	12.13	11.59	11.75	8.83	8.72	9.14
参考值	$R_q(12.0{\leqslant}13.0)$；$R_e(<12.0)$								
热膨胀系数/(10⁻⁶·℃⁻¹)	4.11	4.08	4.05	3.85	3.92	3.79	3.78	3.71	3.73
参考值	$R_q(5.0{\leqslant}8.0)$；$R_e(<5.0)$								

注：R_q 表示参考值（合格）；R_e 表示参考值（优秀）。

3 种试样的电阻率在 8.72～12.13 $\mu\Omega \cdot m$ 之间,其平均值分别为 9.06、11.82、8.90 $\mu\Omega \cdot m$;热膨胀系数在 3.71×10^{-6}～$4.11 \times 10^{-6} \cdot \text{℃}^{-1}$ 之间,其平均值分别为 $4.08 \times 10^{-6} \cdot \text{℃}^{-1}$、$3.85 \times 10^{-6} \cdot \text{℃}^{-1}$、$3.74 \times 10^{-6} \cdot \text{℃}^{-1}$。从表 7-1 中可以看出,所有参数都达到了参考值的合格水平,绝大部分参数达到了优秀水平。

如表 7-2 所示,3 种类型试样的灰分含量在 67×10^{-6}～181×10^{-6} 之间,各试样的平均值分别为 146×10^{-6}、119×10^{-6}、81×10^{-6},低于企业要求的参考值。试样的灰分含量与其配方中的骨料含量体现出一致性。$1^{\#}$ 试样的骨料含量最高,其灰分含量也高于 $2^{\#}$、$3^{\#}$ 试样。进一步仔细分析,各试样的灰分含量差异性较大,最大值为最小值的 2.7 倍。同一样品的不同取样也存在较大差异,如试样 2a 的灰分含量为 176×10^{-6},是试样 2c 含量(76×10^{-6})的 2.32 倍,说明材料的灰分含量与取样密切相关。总的来说,试样灰分含量较低,平均值为 115×10^{-6},远低于参考值,处于优秀水平。

表 7-2 高纯度石墨样品的灰分测试结果

试样编号	灰皿质量/g	加样总质量/g	样品质量/g	燃烧后总质量/g	灰分质量/g	灰分含量/$\times 10^{-6}$	参考值/$\times 10^{-6}$
1a	170.809 9	184.196 5	13.386 6	170.834 1	0.024 2	181	
1b	170.505 2	184.378 9	13.873 7	170.520 6	0.015 4	141	
1c	170.304 8	184.358 9	14.054 1	170.318 5	0.013 7	117	
2a	170.716 0	184.604 7	13.888 7	170.741 0	0.025 0	176	
2b	170.381 2	184.394 3	14.013 1	170.395 9	0.014 7	105	300
2c	170.210 8	184.358 1	14.147 3	170.221 6	0.010 8	76	
3a	170.236 2	185.032 1	14.795 9	170.248 1	0.011 9	80	
3b	170.385 1	184.795 2	14.410 1	170.394 7	0.009 6	67	
3c	170.641 2	14.311 9	14.311 9	170.655 1	0.013 9	97	

7.2 高纯石墨在多晶硅制备中的应用

7.2.1 多晶硅还原炉结构及还原过程

大型还原炉具有低电耗、单炉产量高、生产稳定等诸多优点,目前已成为多晶硅生产的主力军。还原炉通常采用钟罩式结构[16]，如图 7-9 所示。

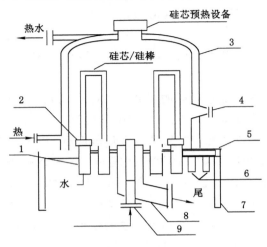

1—电极；2—石墨组件；3—炉筒（钟罩）；4—视孔镜；5—底盘；6—进出水管；

7—支座；8—出气管及其他附属部件；9—氯硅烷进料管。

图 7-9　还原炉结构示意图

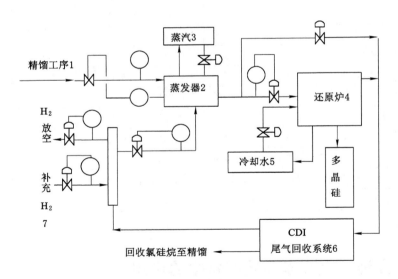

图 7-10　SiHCl₃ 氢还原工艺流程

还原炉内的反应过程是当复杂的[17]，SiHCl₃ 氢还原工艺流程如图 7-10 所示。从精馏塔 1 提纯出来的精制 SiHCl₃ 原料，按照还原工艺的要求，经管道连续加入到 SiHCl₃ 蒸发器 2 中。经尾气回收系统 6 收下来的氢气与来自电解制氢系统补充的氢气 7 在氢气总管中汇合后也进入蒸发器 2 中,氢气总管的压力通过补充电解氢的流量和氢气放空的流量控制,实现进入蒸发气的氢气压力恒定。

蒸发器 2 中的 SiHCl₃ 液体在一定的温度和压力下蒸发,氢气对 SiHCl₃ 液体进行集中鼓泡,形成一定体积比的 H₂ 和 SiHCl₃ 的混合气体。SiHCl₃ 蒸发所需的热量由专门的蒸汽制备系统 3 供给。蒸发器 2 的压力通过调节进入蒸发器的氢气流量控制;SiHCl₃ 的蒸发温度通过调节蒸汽的流量控制;液位通过调节进入的 SiHCl₃ 的流量控制。

从蒸发器 2 出来的混合气沿着管路输送到还原炉 4 中,每台还原炉的混合气进气按一定的程序进行,该程序的混合气流量取决于当前还原炉内硅棒的直径大小,通过调节阀自动控制。

还原炉 4 内安插有高纯硅芯,硅芯上通入电流,使硅芯表面温度达到 1 100 ℃左右。混合气进入还原炉 4 后,在炽热的硅芯表面上反应,生成多晶硅并沉积在硅芯上,使硅芯直径不断增大,形成硅棒,同时生成 HCl 气体、SiCl₄ 气体等副产物。副产物气体与未反应完的 H₂ 和 SiHCl₃ 气体从还原炉尾气管道排出,通过管路进入尾气回收系统 6[18]。

在尾气回收系统 6 中,还原炉尾气被冷却与分离。冷凝下来的氯硅烷(HₙSiCl₄)被送到分离提纯系统(精馏 1 系统)进行分离与提纯,然后再返回多晶硅生产中。分离出来的氢气返回氢还原工艺流程中的蒸发器中,循环使用。分离出来的氯化物气体返回 SiHCl₃ 合成系统中,用来合成原料 SiHCl₃。

7.2.2　石墨组件在还原炉中的应用

石墨组件由石墨材料加工而成。石墨组件的主要作用是:① 将电极的电流传导到硅芯;② 夹持固定住硅芯并使之沉积生长。

图 7-11 分别为石墨卡瓣、石墨帽、石墨座的实物图和装配图;图 7-12 为石墨座、石墨帽和石墨卡瓣安装在一起并夹持住硅芯的安装图。

石墨具有优良的导电性能且在高温下机械强度成倍增加,对热场环境污染小,所以石墨材料成为多晶还原炉硅芯夹不可替代的选择。

还原炉在生产过程中有可能发生"倒棒"现象,"倒棒"是指硅芯缓慢发生倾斜或头重脚轻或操作不当导致多晶硅棒在炉内最终倒塌断裂的现象[19]。倒棒现象除了造成产品报废,增加生产成本外,严重的还有可能造成还原炉内壁破

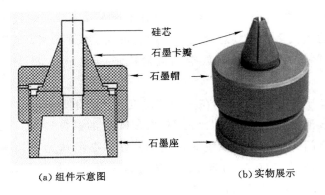

(a) 组件示意图　　　　　　　　　　(b) 实物展示

图 7-11　石墨组件

图 7-12　石墨组件夹持硅芯图

坏、炉内电极被砸坏等设备损坏事故。图 7-13 为某还原炉发生大规模倒棒现象后的情况,整炉原料报废,并造成炉内部分电极损坏。

　　生产过程中,倒棒前的石墨组件夹持硅棒的接触点附近通常会产生"亮点",如图 7-14 所示。石墨组件本身品质及制造安装精度影响硅芯夹持效果,是造成倒棒的主要原因[20]。首先,批量生产的石墨组件存在一定程度上的性能差异,如导热、导电性能差异,会导致石墨卡瓣内热量传导能力不均质,如果灰分含量有差异,在高温状态下将会燃烧挥发掉,导致石墨卡瓣的电阻分布不均匀;此外,硅芯和石墨组件加工制造精度不高,则会造成硅芯和石墨夹头接触不良,局部电阻过大。上述两种情况会造成生产过程中电流偏流,电流通过截面时分布不均,高电压下硅芯被击穿,出现很多亮点(局部热量集中),在亮点附近伴随硅料融化,根部硅料融化加剧时就会出现硅芯倒棒、断裂现象。

图 7-13　倒棒图

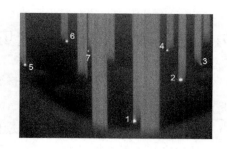

图 7-14　硅棒亮点图

解决倒棒的方法关键在于石墨组件本身材料属性和加工及安装质量两个方面。一方面,提高高纯石墨材料的性能,尤其是提升材料的均质性和纯度,减小石墨卡瓣各瓣之间导电和导热性能的差异,从而避免电流偏流和热量集中;另一方面,在石墨组件与硅芯的配合上,将圆硅芯改为方硅芯,提升加工精度和装配精度。

圆硅芯[图 7-15(a)]在机械加工拉制过程中,精度难以控制,圆度误差较大,造成硅芯和石墨夹头接触不良,可能出现线接触或者点接触,造成硅芯根部局部电阻增大,进而在生产过程中形成亮点,进一步恶化则导致倒棒。与之相对应的方硅芯[图 7-15(b)]加工容易,精度高,既能保证良好稳定性,又有利于拆装,硅芯与卡瓣之间完全为面接触,电阻分布均匀,避免电流和热量集中。实践证明,通过提升石墨组件的性能、改善配合方式后,还原炉内的倒棒现象大为减少,偶尔有个别硅棒出现亮点,但从未出现大规模的倒棒现象,且可靠性得到了大幅提升,降低了产品报废率,减少了生产成本。

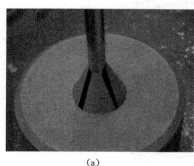

(a)

(b)

图 7-15　圆硅芯和方硅芯

7.3 多晶硅还原炉内温度场模拟

改良西门子法生产的多晶硅产量约占全球总产量的 80％左右[21]。还原炉是改良西门子法中最重要的设备，$SiHCl_3$ 在还原炉内进行化学气相沉积反应（CVD）生产高纯度多晶硅。在实际过程中，多晶硅还原炉中发生反应的能耗占多晶硅生产总能耗 60％左右。此外，还原炉反应过程中主要损失的能耗是沉积反应之后尾气带出的热量、炉内混合物料气体的对流换热所损失的热量，以及硅棒和还原炉筒体壁面的辐射传热，其中硅棒和还原炉筒体壁面的辐射传热损失占还原炉总能耗损失的 75％～90％[22-23]。因此，降低辐射传热能耗损失是降低生产过程中总能耗的关键。一些学者和研究人员对多晶硅还原炉内反应过程进行了研究，获得了很好的研究成果，推动了多晶硅还原炉的应用和改善[24-26]。本书以某多晶硅制备企业的 12 对硅棒还原炉为研究对象建立几何模型，通过数值模拟方法，分别探究了不同进气流量、不同硅棒直径工况对炉内温度场和流场的影响以及还原炉内辐射能量的传递情况，分析了炉内辐射能量的利用效率，为生产稳定、节能降耗提供了理论依据。

7.3.1 还原炉模型建立

根据多晶硅生产企业的在役还原炉结构，建立还原炉物理模型。图 7-16 所示为 12 对硅棒还原炉的硅棒底盘排布图，由内而外为两层同心圆周分布，外圈

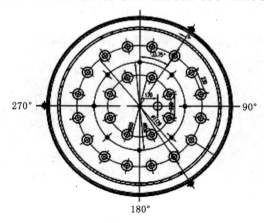

图 7-16 12 对硅棒还原炉底盘排布图

有 8 对硅棒,内圈有 4 对硅棒,还原炉底盘直径为 1 660 mm,还原炉高度为 3 700 mm,硅棒高度为 2 350 mm。图 7-17 是建立的还原炉三维模型和 12 对硅棒还原炉的底盘进出气口排布图,其中 8 个进气口在第一圈和第二圈硅棒之间,1 个进气口在底盘中央,出气口在距离圆心 170 mm 的位置,直径为 150 mm。

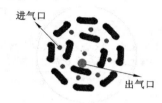

进气口

出气口

(a)还原炉模型　　　　　　(b)底盘进出气口布置

图 7-17　还原炉模型

　　建成模型需要对所建模型进行网格划分,对还原炉椭圆封头、炉壁、底盘、硅棒表面以及还原炉的剩余空间进行网格划分,其中硅棒上的网格数量所占比例最大,考虑到模拟实际运算量,将还原炉模型网格上的非六面体网格转化为多面体网格,在基本保持网格质量的前提下,减少网格数量,提升运算的效率。最终 12 对硅棒模型转化为 47 万个六面体网格(图 7-18)。

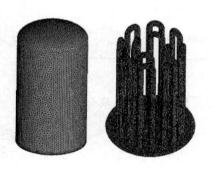

图 7-18　还原炉网格划分

7.3.2　边界条件设定

　　几何建模和数学模型完成后,需要设置初始条件和边界条件,对气体、还原炉壁面、电极材料硅棒 3 种材料的属性参数进行初始设定。由于混合气体以氢气为主,$SiHCl_3$ 所占比例较小,所以按照氢气的参数进行空气物性参数设置。此外,还原炉壁面材质为 316L 不锈钢,按照该材料的参数进行设置。

　　根据某产业生产数据,从还原炉开炉到停炉生产过程中,前期的进料量为 300 m³/h(标立),随着炉内气相沉积反应的进行,硅棒逐渐增粗,硅棒表面积逐渐增大,就需要增加进料量,高峰期的进料量会增加至 1 000 m³/h(标立)。因此需要模拟 300 m³/h 和 1 000 m³/h 两种进口流量工况,同时进口参数也要进行相应设置。出口参数根据进口条件和还原炉模型几何参数进行设置,通过相关计算并设置后的各参数如表 7-3 所示。

表 7-3　初始条件和边界条件设置

名称	设置内容
初始条件	混合物料简化为氢气 壁面材质:密度 7 820 kg/m³,比定压热容 460 J/(kg·K),热导率 18 W/(m·K) 硅棒:密度 2 340 kg/m³,比定压热容 116 J/(kg·K),热导率 80 W/(m·比)
进口条件	进气口截面积:4.91×10⁻⁴ m² 进气口总面积:44.19×10⁻⁴ m² 流量:Q_1=300 m³/h=0.083 m³/s;Q_2=1 000 m³/h=0.278 m³/s 速度:v_1=18.8 m/s;v_2=62.9 m/s 温度:413 K(140 ℃) 湍流强度:4% 水力直径:240 mm
出口条件	反应压力:0.55 MPa;　湍流强度:4.3%;　水力直径:190 mm
其他条件	(封头、直筒、底盘)筒壁温度:573 K(300 ℃);　发射率:0.5 硅棒温度:1 423 K(1 150 ℃);　发射率:0.7

7.3.3　模拟结果及分析

(1) 进口流量为 300 m³/h 下还原炉内温度场及流场的分析

如图 7-19 所示,在 300 m³/h 和 z=0.5 m、1.0 m、1.5 m、2.0 m 4 个截面上,截面温度随着截面高度的增加而增加,这是因为内环和外环之间分布了 8 个进气口,底盘中央也有 1 个进气口,物料由进气口进入炉体内时,温度是 413 K,随着物料渐渐充盈整个炉内空间,和逐渐增温至 1 423 K 的硅棒发生能量交换,各截面温度逐渐上升。离进口气近的高度截面受物料气的低温影响,导致整体温度相对较低,而远离进气口的截面在炉体内充分交换热量,逐渐升温。

如图 7-20 所示,在 z=0.5 m 时,明显可以观察到有多个温度在 500 K 左右小区域,那便是进气口上方的区域,温度相对较低。通过 4 个高度截面温度云图的对比,可以发现在低流速(300 m³/h)的工况下,整个温度分布依然不太均匀,温度场的不均匀会导致硅棒与物料气发生气相沉积反应,析出多晶硅的速率有快有慢,容易造成"头重脚轻"或"爆米花"现象。

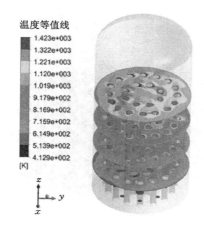

图 7-19 还原炉内 z 方向温度云图

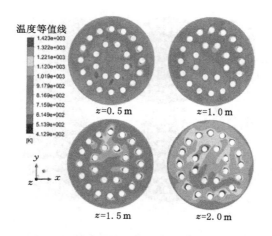

图 7-20 还原炉内 z 方向不同高度截面温度云图

如图 7-21 所示,在进口流量为 300 m³/h 的情况下,物料经过喷嘴进入还原炉内,在 $z=0.3$ m、0.9 m、1.5 m、2.1 m 截面上,由于重力的作用,炉内速度分布呈现出随着高度的增加速度逐渐减小的特点。一开始在外环硅棒和内环硅棒间进气口区域,速度能达到 14 m/s,然后通过地盘上 9 个进气口迅速向四周扩散,直到截面高度 $z=2.1$ m 左右时,速度逐渐减小,气体开始回流。根据图 7-22,硅棒内环的平均速度较大,外环的平均速度较小,且随着截面高度的增加,进气物料的流动使周围的气流一起运动,呈现出由中央向四周扩散的图像。总体来说,在这个流量工况下,不同截面上,速度分布还是不够均匀。

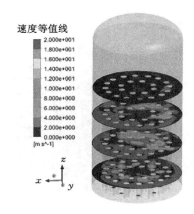

图 7-21　还原炉内 z 方向上速度云图

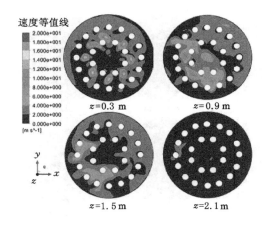

图 7-22　z 方向上不同高度截面的速度云图

图 7-23 为还原炉内的气体流线图,可以清晰直观地观察到还原炉内物料气体的走向和运动轨迹,大致趋势是由进气口进入后向四周扩散,到炉顶区域后集中向中间回流,最终从出气口排出。图 7-24 是模拟计算后的数据经过处理后得到的不同高度位置(z 方向)沿 x 轴的速度变化曲线。$x=-0.6$ m 和 $x=0.6$ m 处没有曲线的部分是 $y=0$ 截面外环两个硅棒的位置。根据曲线可知,$z=0.5$ m、$z=1.0$ m、$z=1.5$ m、$z=2.0$ m 高度截面上的线速度变化趋势大致相同,依旧是速度随高度的增加而降低,硅棒内环间的速度普遍高于外环。$z=0.5$ m 的曲线中两个峰值出现在 $x=-0.4$ m 和 $x=0.4$ m 左右处,原因是

底盘进气口分布的圆周直径为 856 mm,这两个峰值正好出现在进气口的上方,之后 $x=1.0$ m、1.5 m、2.0 m 的曲线峰值就向炉内中央转移。近硅棒表面的速度在 1～4 m/s,可以基本保证和硅芯充分接触发生反应,有利于多晶硅的析出。

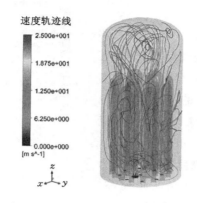

图 7-23 还原炉内气体流线图

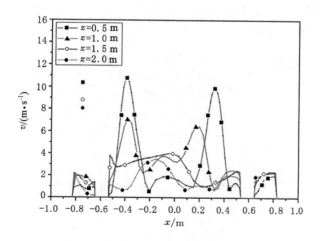

图 7-24 z 方向上不同高度线速度沿 x 轴变化曲线

(2) 进口流量为 1 000 m³/h 下还原炉内温度场及流场的分析

相比 300 m³/h 进气流量,1 000 m³/h 进气流量工况下,由图 7-25 可知,$z=$ 1.0 m、1.5 m 这两个高度截面上温度有了明显的提高,平均温度在 1 100 K 左右,硅棒表面温度能达到 1 400 K 左右,$z=2.0$ m 的高度截面温度分布也较之更为均匀,温度梯度的落差有所减小。这样来看,进气流量的增加确实可以使物料与硅芯充分接触，加速反应，带动周围气体流动，也使得炉内气体充分对流换热和辐射传热，提升了整个炉内的平均温度。

图 7-26 中，在 $z=0.5$ m 截面上，8个圆圈区域正好位于进气口的上方，且较 300 m³/h 进气流量下的温度更集中，形成大小较为一致的小区域，这说明高速气流下，会使近底盘截面气体流动更具规律性。随后在 $z=1.0$ m、$z=1.5$ m、$z=2.0$ m 3个高度截面，也因为高速气流的原因流动、扩散更迅速，对流换热更快速，温度场分布显得更均

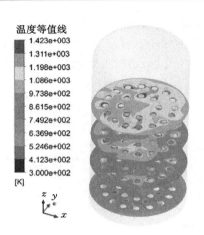

图 7-25　还原炉内 z 方向上温度云图

匀。但在 $z=2.0$ m 截面出现的硅棒上端局部温度过高，在工业实际生产过程中需要尽量避免，可以通过其他方法加以改善，比如通过后期降低硅芯电极的电流，使硅棒温度适当降低。

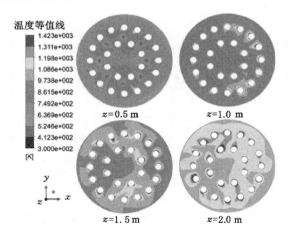

图 7-26　z 方向上不同高度截面的温度云图

图 7-27 中，总体仍是硅棒外环速度大，硅棒内环速度小，但在 1 000 m³/h 进气流量工况下，近底盘的 $z=0.3$ m 截面温度差的区分度明显要比 300 m³/h 进气流量工况的高，8个进气口区域上方温度升高，随后在 $z=0.9$ m、$z=1.5$ m

的截面温度降低,流体速度为 20 m/s 左右。从气流速度分布规律来讲,高流速和低流速相比,没有太大变化,但是整体平均速度确实提高了很多,利于腔体内气体的流动和能量的交换,尤其是硅棒附近的流体增加,使得硅棒周围的对流换热强度有所增加,加快了能量的交换,不同截面上,温度分布更均匀一些。

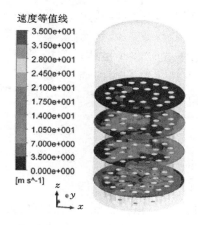

图 7-27　还原炉内 z 方向上速度云图

从图 7-27 和图 7-28 可知,在 1 000 m³/h 进气流量下,气体流速增大了许多,物料的喷射高度和扩散范围都有所增加,但是气体流动仍然不均匀,如 $z=0.9$ m 和 $z=1.5$ m 的截面上,均出现了两部分速度较高区域,而硅棒附近还存在一些"死区",这些区域物料流动速度较低,不利于沉积反应进行,也会造成

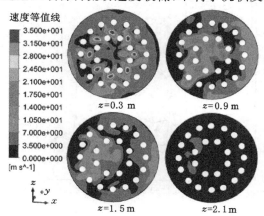

图 7-28　z 方向上不同高度截面的速度云图

硅棒上多晶硅的沉积速度有快有慢，硅棒表面凹凸不平，这不利于提高硅的转化率，也不能有效保证产出多晶硅的质量，同时这也是 300 m³/h 和 1 000m³/h 进气流量工况下都存在的现象，说明这些死区并不能通过改变物料进气量来改善。比较图 7-29 与图 7-23，流线轨迹充盈着整个腔体，几乎没有"死区"，同时内环 4 对硅棒间的物料的气速明显增加，但也因为流速增大，硅棒上方部分区域形成了湍流。

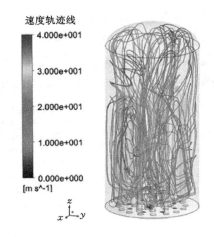

图 7-29　还原炉内气体流线图

比较图 7-30 与图 7-24，可以得出 1 000 m³/h 的高流速下，在不同高度截面上，沿 x 轴的线速度都有显著提高，在 $z=0.5$ m 的截面上，高流速工况下的速度峰值是低流速工况下的两倍，不论硅棒附近、筒壁附近还是硅棒内环区域，速度都有所增加。在实际生产过程中，更高的流速可以使硅棒周围的物料气体加速流动，从而使与硅棒表面发生反应的气体不再单一地靠扩散的方式与新进入腔体的新鲜物料气体进行物质交换；另一方面更高的物料气体流动速度也可以加强物料气体与硅棒之间发生的对流换热，将硅芯电极产生的热量逐渐地交换、传递，这样的方式就会使还原炉内的温度场分布

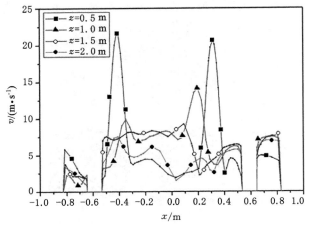

图 7-30　z 方向上不同高度线速度沿 x 轴变化曲线

更均匀。

（3）不同工况下还原炉内辐射能量分析

实践表明，还原炉反应过程中主要的能耗损失体现在：① 反应过程中尾气带走的部分热量；② 炉内物料气体的对流换热；③硅棒和还原炉筒体壁面的辐射传热。其中硅棒和还原炉筒体壁面的辐射传热能耗损失占还原炉总能耗的75%～90%。由此可见，降低辐射传热所产生的能耗损失是降低生产过程中总能耗的重要途径，探究在不同工况下还原炉内硅棒辐射能量的变化情况，对实际生产过程改进有重要的参考作用。

如图 7-31 所示，可以看到 1 000 m³/h 进气流量下的辐射量要比 300 m³/h进气流量下的辐射量高，同时可以看到内环 4 对硅棒和外环 8 对硅棒的内侧辐射量都高于其外侧辐射量，由内而外，越向壁面辐射量越小。根据图 7-32，两种进气流量下炉内辐射能量呈现出共性的规律：① 炉体内中下部辐射能量比顶部辐射能量大，这是由于靠近顶部，离硅棒较远，物料气体的流速较低，气体供应也相对不足，所以辐射能量较小；② 内环硅棒的辐射量大于外环硅棒的辐射量，这是由于内环 4 对硅棒在底盘排布上靠得比较近，并且是物流气体流经的高速区域，而外环 8 对硅棒，由于圆周的扩大，向壁面发散的辐射能量就越多，所以辐射能力较小。两种进气流量对比后，发现高流速的工况下，各个区域的平均辐射量均高于低流速工况，这是由于高流速下，物料和硅棒接触更充分，能够更好地流动完成能量的交换。

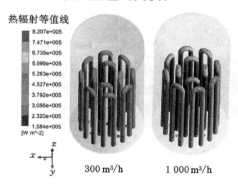

图 7-31 硅棒辐射能量三维对比

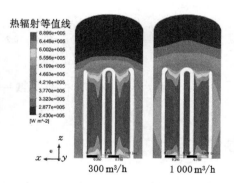

图 7-32 z-x 截面不同硅棒辐射能量对比

如图 7-33，$x=-0.6$ m 和 $x=0.6$ m 这两处是外环硅棒，所以图中的曲线是断开的。由图中曲线可以发现，$z=0.5$ m、$z=1.0$ m、$z=1.5$ m、$z=2.0$ m 4个不同高度截面上，辐射能量最高的区域都在硅棒附近，其中当 $z=0.5$ m 时，硅棒附近的辐射能量可达到 $5.8×105$ W/m²,因为硅棒表面是炉内温度最高的区域,可达 1 423 K 左右;能量第二高的区域是硅棒内侧,由硅棒表面发射出辐射能量,然后向四周传热,硅棒内侧由于各硅棒之间紧挨着,内外环硅棒可以交互传热,所以辐射量也会很高;$x=-0.8$ m~-0.6 m 和 $x=0.6$ m~0.8 m 就是最外环硅棒到还原炉壁面之间的距离,可以得出,从外环硅棒到筒体壁面辐射能量是逐渐减小的,一些热量就会被筒壁的夹层里的换热冷却水带走,以确保壁面的温度始终低于 575 K,保证壁面不会析出硅粉。如果壁面析出了硅粉,就会造成筒体壁面相对粗糙,表面粗糙会增加更多的漫反射来吸走硅棒辐射的能量,导致硅棒电极需要更多电能供给,这样就会使整个生产过程能耗增加。

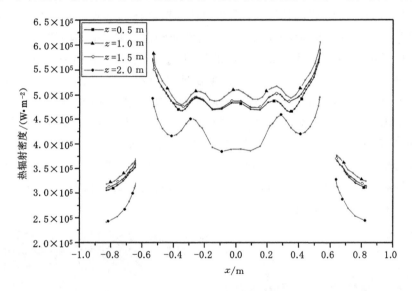

图 7-33　z 方向上不同高度线平均辐射能量沿 x 轴的变化曲线

参考文献

[1] KANG F Y,ZHENG Y P,ZHAO H,et al. Sorption of heavy oils and biomedical liquids into exfoliated graphite-Research in China[J]. New Carbon Materials,2003,18(3):161-173.

[2] 葛鹏,王化军,赵晶,等.加碱焙烧浸出法制备高纯石墨[J].新型炭材料,2010,25(1):22-28.

［3］ XIE G，XIAO YANG L I，ZANG J，et al. Current situation and development on preparation of high purity graphite[J]. Yunnan metallurgy，2011 (1)：48-51.

［4］ 王光民.高纯石墨生产工艺探讨［J］.非金属矿，2001(4)：30-31.

［5］ 沈益顺，张红波，吴绍钿.高纯石墨制备的研究进展[J].炭素，2010 (2)：12-15.

［6］ 钟琦，谢刚，俞小花，等.高纯石墨生产工艺技术的研究[J].炭素技术，2012，31(4)：B13-16.

［7］ BANEK N A，ABELE D T，MCKENZIE K RJR，et al. Sustainable conversion of lignocellulose to high-purity，highly crystalline flake potato graphite［J］. ACS sustainable chemistry & engineering，2018，6（10）：13199-13207.

［8］ WANG H，FENG Q，TANG X，et al. Preparation of high-purity graphite from a fine microcrystalline graphite concentrate：Effect of alkali roasting pre-treatment and acid leaching process[J]. Separation science and technology，2016，51(14)：2465-2472.

［9］ LU X J，FORSSBERG E. Preparation of high-purity and low-sulphur graphite from Woxna fine graphite concentrate by alkali roasting[J]. Minerals engineering，2002，15(10)：755-757.

［10］ WU Y，MA J Y，ZHOU B，et al. Hydrothermal Preparation of High Purity of Expandable Graphite［C］//Proceedings of the 2015 International Conference on Material Science and Applications. Suzhou：Atlantis Press，2014.

［11］ 孙微，贺福.太阳能光伏产业的热场材料[J].高科技纤维与应用，2011，36(1)：44-49.

［12］ 李小刚.中国光伏产业发展战略研究[D].长春：吉林大学，2007.

［13］ 黄四信，何永康，马历乔.等静压石墨的生产工艺、主要用途和国内市场分析[J].炭素技术，2010，29(5)：32-37.

［14］ 蒋健纯，周九宁，浦保健，等.炭/炭复合材料制造硅晶体生产坩埚初探[J].炭素，2004(2;)3-7.

［15］ 李明宇，李平，张启彪，等.我国光伏发电与硅晶体生长用等静压石墨[C]//第22届炭-石墨材料学术会论文集.北京：中国电工技术学

会,2010.

[16] 李翔,邢桂萍,刘亚洲.还原炉电极外套强制冷却装置的研究[J].化工装备技术,2012,33(3):48-49.

[17] MOLLER,JOACHIM H. Multicrystalline silicon for solar cells[J]. Solid state phenomena,1996,47-48:127-142.

[18] 毛俊楠.多晶硅还原工艺的流程模拟与优化[D].天津:天津大学,2012.

[19] 吴锋 陈文龙 于伟华,等.西门子还原炉倒棒原因与预防[J].化工新型材料,2007,299(1):165-170.

[20] 李玉焯,孙强,汤传斌.改良西门子法多晶硅还原工序节能降耗研究[J].中国有色冶金,2014,43(3):24-27.

[21] 郑晓军.晶硅生长还原工艺中炉内组件的优化[D].徐州:中国矿业大学,2015.

[22] 侯彦青,方文宝,周扬民,等.西门子还原炉热量传递研究进展[J].昆明理工大学学报(自然科学版),2018,43(04):1-8,42.

[23] 肖云.多晶硅还原炉还原过程能耗分析及预测[D].广州:广东工业大学,2018.

[24] 王子松,黄志军,覃攀,等.西门子 CVD 还原炉内硅棒生长环境的数值模拟[J].人工晶体学报,2012,41(02):507-512.

[25] 张攀,王伟文,范军领,等.三维还原炉内多晶硅化学气相沉积的数值模拟[J].太阳能学报,2012,33(3):511-516.

[26] CAVALLOTTI C,MASI M. Kinetics of $SiHCl_3$ chemical vapor deposition and fluid dynamic simulations[J]. Journal of nanoscience and nanotechnology,2011,11(9):8054-8060.